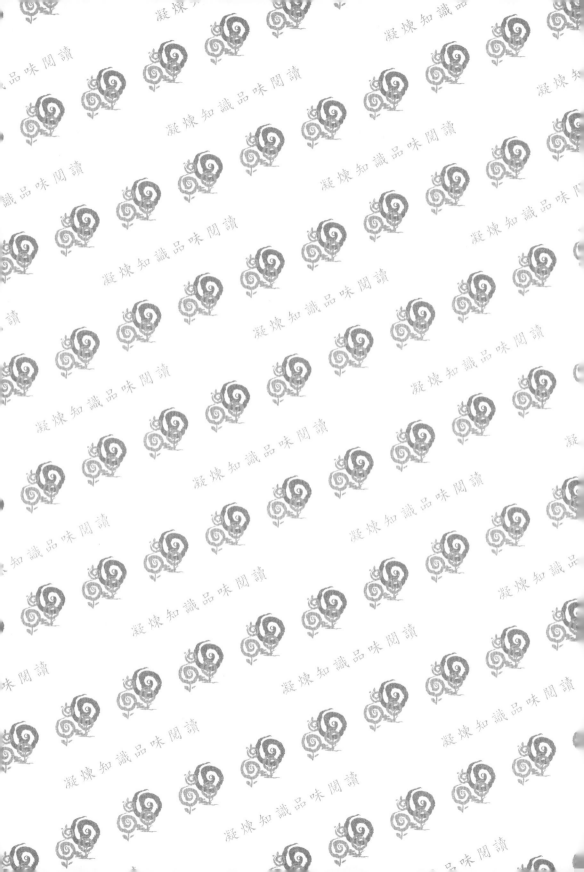

全面透視核能

A Complete Perspective of Nuclear Energy

趙嘉崇 ——— 著

五南圖書出版公司 印行

此書獻給

謹以此書獻給我的母親叢其蘊、父親趙桂海、妻子游春美。
他們對我的愛與付出，造就了我。

核能何能

「蓬萊此去無多路，青鳥殷勤爲探看。」　　　——李商隱：〈無題〉

　　數年前由美國前往俄國西部伏特加河域遊船，用餐時坐對面的一個美國人在奇異公司（GE）工作。他說：「臺灣每換一次政府，我們公司就賺你們一大筆錢。」說這話是調侃，還是陳述事實？我忘了他的表情。

　　對核子的概念國中時就有了，不外是癌症放射治療及原子彈，那時還沒有核能電廠。小時在小攤子上租連環圖畫看，原子彈是一顆大炸彈在天空中爆炸後分解，產生千千萬萬顆小炸彈，每顆後面有一隻小降落傘，鋪天漫地的大批降下……這是我對原子彈原理的最初瞭解，一直到念過國中物理才改觀。能有這種想像力的漫畫家也算是別具創意了。

　　上週，當年由美國派來建造我國核一廠的工程經理來我家作客，聊到核能廠安全問題，他簡單的回答沒有問題。有一位深綠的核能專家對我說：「有知識的人都贊成核四，沒知識的人都反對核四。」（我是有知識？還是沒知識？）幾十年前，核一剛建成不久，經建會的一位處長也是台大工學院的教授，對我說：「臺灣現在是坐在定時炸彈上！」後來，李登輝前總統曾建議研究低汙染的「釷」爲核能發電的方向。人們對核能顧忌相當多，新竹清華大學的核子工程學系之後改名爲工程與系統科學系，傳聞系上男學生交女友，系的名稱也是考量因素之一。有些人問道，因爲政治上的操作，核能電廠到底是安全重要，還是安心重要？核能電廠如有必要，會不會像新冠疫苗一樣被迫緊急授權？

　　我對核能電廠的態度是來來回回，難以定奪。

人類史上最有名的數學公式

人類史上最著名、最強而有力（powerful），也是最簡單的一個數學公式是：

$$E = mc^2$$

E 是能量，m 是放射物質的質量；c 是光速（每秒繞地球七周半）。因為光速的平方是天文數字，所以不需要多少鈾、鈽或其他放射性物質，就能產生巨大的能量威力。因為這個公式，造出了原子彈，造出了核能電廠。因為這個公式，人類文明在 20 世紀獲得了巨大的發展，也面臨了可能的最終全球毀滅。

核電的好處眾所皆知，壞處是安全考量，不怕一萬，只怕萬一。一架巨型客機掉下來，燒掉五百多位乘客，一艘航空母艦被中國的東風 21 飛彈擊中，喪失五千名軍人，但總是有限。如果核電廠出事，毀掉一個上海市或紐約市，中國或美國還有許多億的人口；如果核電廠在僅有 3 萬 6 千平方公里的臺灣島出事，那會留下多少活口？

建中學弟趙嘉崇教授是麻省理工學院的核子工程博士、北京清華大學講座教授、東京理工學院客座教授，曾參與蘇聯車諾比核災及日本福島核災的調查，經常在世界各核電廠做安全顧問，但他卻在書中表明核電安全並非百分之百。他的耽心著重在政治帶引了風向，也許會犧牲能確保核安的操作程序。在某些國家，這種現象仍然存在，核安事故因而可能會發生。我現在把個人的觀察及想法分列如下。

淺見及高見

1. 因為工業發展上的考量，核電才有需要。如果工業發展轉型為觀光（許多島國都是靠觀光收入），或金融（如新加坡、香港，以及許多避

稅天堂小型國家），電力需求就可以大量降低。但是轉型談何容易？觀光或金融的收入能比得上台積電、竹科或台塑嗎？何況，已有鉅額投資的工業生產設備，能因電力不濟而閒置或廢止嗎？

　　進一步說，如果海峽兩岸達成和平協議，我們經濟走向改變，可能沒有建造核電廠的必要。那就是另一篇專文討論了。

　　2. 核融合 Fusion 取代核分裂 Fission 當然能解決核電安全及建廠經濟問題，但核融合發展談何容易？有專家告訴我五十年都不見得出得來——那可是比發展原子彈還難！近年隔一陣子就有核融合或人造太陽的重大突破，但終歸是網路消息。如果五十年後核融合發展成功，現有的四百多座核分裂電廠能否合理的、經濟的轉換為核融合裝置？石油國家及石油公司將何以為繼？阿拉伯皇室貴族王子還能送餐廳端盤子的服務員每人一隻金錶嗎？

　　3. 大型國家很難依賴風力或太陽能等再生能源，臺灣是經濟強的小型國家，是否可成功的依賴再生能源，我們來拭目「等待」發現吧！

　　4. 節電要有共識，日本的國民有訓練，服從性高，容易產生節電的共識。我們其實也不錯，也很聽話。但是節電是有下限的。請問，工業生產能節多少電？家用電能省到洞穴時代的用電量嗎？有一陣子流行說我們是南海土人的後代（我花三百美金做過 DNA 試驗，我不是土人，我是漢人）。如是，似乎不必再考慮工業用電這些事了。穿樹葉裙的南海鄉親不是很快樂嗎？

　　5. 臺灣屬獨立電網，不像歐洲有些國家可向鄰國買電。福建或廣東輸電到臺灣不合算，因為線路上消耗太多。如果大陸沿海核電廠出事，輻射塵飄洋過海劑量應會降低許多。最接近臺灣島的福建福清電廠距台 162公里，大概是核四的貢寮到台中烏日。以前看黑澤明的電影《夢》，八個夢中有一個就是日本核電廠爆炸，輻射塵隔著海灣飄過來，還是有人認為逃不過而跳海自殺。

　　6. 極強地震、轟炸、恐攻、海嘯等問題是不確定因素，發生機率應

在設計時已考慮，此處不表。然而人爲因素造成的核電廠大災難機率雖低，但不是零。如今人工智能（AI）逐日進步，當然會減低人爲因素的災變，卻也不是百分之百。基本說來，人禍比天災更應考慮。所幸，極落後的國家在我們有生之年，還不至於發達到需要核能電廠來增長經濟。這種國家人命不值錢，不可能謹慎考慮核電安全，甚至會轟炸鄰國的核電廠以造成大量殺傷。先進國家要有遠識，避免協助落後國家發展經濟到某一地步，這種邏輯不言而明。

7. 核電廠到期不能發電，除役要幾十年的時間，其中有結構複雜、輻射及廢料問題。

擁核及反核是時尚及趨勢？

我曾計畫在台南成功大學主辦一場核四的南部討論會，目的不是爲了擁核或反核，而是說明與討論，令南部民眾更了解北部的核電廠。這種討論會如果有預設立場，就失去意義，就誤導民眾。目前三座核電廠佔全國總發電量的 12% 左右，但是居然有許多民眾以爲大部分來自核電。實際上，我國能源供給有 98% 來自進口，這個比例的確很高，能不警惕嗎？就像與對岸世界第二強國打起來，許多人以爲老美會出兵，犧牲他們子弟的生命，爲中國人的內戰流血，可能嗎？

我國位於新北金山的第一座核能電廠是蔣經國總統的十大建設之一，四十四年前完工；隨後數年位於萬里的核二及南部恆春的核三接續完工。已建好但停止使用的核四也在北部貢寮，可見北部用電量遠超過中南部。世界上第一座商用核電廠是 1954 年在蘇聯建成，美國第一座是 1957 年，但美國目前有近百座核電廠，是全球 442 座的最大宗。法國超過 70% 電力來自核電，是最高的比例。中國大陸有 54 台核電機組，僅供給 5% 的總發電量，因爲有巨大煤炭及水力發電的供應。但是他們計畫將建 100 座或以上的核電廠，以取代嚴重汙染的火力發電。有一段時期，建造核電是

時尚，是趨勢；有一段時期，終止核電是時尚，是趨勢。接下去時尚及趨勢如何？像股票市場一樣，無人知曉。我個人是擁核還是反核？如果來來去去不定，是否用擲骰子做決定？

趙教授是核電安全的世界級人物，最近他英文版的 *A Complete Perspective of Nuclear Energy* 由美國的大出版公司出書，已有數國將翻譯此書。我與他為此中文書之事來往頻繁，但只見過他兩次。第一次是建中校友聚會，我向他提出寫書建議，沒想到他下筆如此之快，幾年之內中英文版都已成書。他是世界級的核安權威人物，但為人謙和親切，無法將他與權威兩字連接上。

為書寫序，應以長者姿態多寫溢美之詞，但這篇卻寫出我心中多重疑惑。因為我是工程師出身，並非只做工程研究，也曾任職要出入工地的專案工程經理。工程師的特質是腳踏實地、負責任及解決問題三項；工程設計上的考慮第一是安全，第二是經濟，第三是美觀。如此，我有這些考慮也是多年職業習性的養成，與政治取向無關。

這是一本科普的書，即使核四已建好（但封用），還要不要閱讀這本書？要！因為誰知道下一步是什麼？政治人物不見得瞭解專業，但他們是決策者，他們是大部分民意選出來的。趙教授這本書會對臺灣的民眾及政界產生何等影響？我有興趣知道，或猜測。

夏祖焯（夏烈）

（夏祖焯教授任教成功大學、清華大學等校，是我國唯一留美工程博士出任歐美及日本文學及文化課程教職）

自序 徹底認識核電

核電其實是一門很具趣味性的專業，可惜的是人們一想到核電就會聯想到輻射，核電的趣味性就完全被輻射所帶來的恐懼給淹沒了，當然，這種情況也是可以理解的，只是太可惜了。希望這本書能使一般讀者能夠深入了解核電，而又得到掌握一項新穎科技的樂趣。

我常在走廊或餐廳遇到了熟人，就被問起很多有關核電的問題，這表示有不少人很關注這個話題，而且從他們的態度看得出來他們很希望知道正確的答案，因為這情形常常發生，久而久之，我就開始思考為什麼會這樣？我唯一自己想出來的答案是，報章雜誌裡有關核電的報導似乎不能完全滿足他們。多年下來，我得到一個結論，所有報章雜誌的報導，即使是長時間累積全部加起來，也不能成功地拼成一個完整核電的概念。核電涉及的專業深度與各類關聯的專業題目太廣泛又複雜，而很難使人在短時間內拼出一個完整的圖案，同時，如果沒有把完整的圖案一次呈現，每次得到的核電資訊也一定是片面的，容易掉入以偏概全的陷阱裡。

核電直接涉及了科學、經濟、政治、軍事、法律、工程等諸多領域，這本書中，核電與這些領域的相關性與互動性都會一一陳述，詳細的內容包括了這些領域在實質上如何被包涵在核電內，它們如何互相影響，其中涉及的因由、原理、歷史、實例等都會被描述得很清楚。

舉例來說，核電工程或核能工程包括了核子物理、核反應器物理、機械工程、土木工程、材料力學、航空工程等基本學科，這些學科如何應用在核電上也會詳細描述，而且以完全不涉及複雜的公式為原則，用深入淺出的文字來描述為手段，必把複雜的概念解釋清楚，讀者不必有任何專業的基礎或訓練就可以看懂，而達到可以掌握又能享受到新概念的喜悅。

　　所有核電的題材都會被囊括在這本書裡，除此之外，我會加強兩個近年大家很重視的題目：核電安全與核廢料處理。為了讓大家澈底了解這兩個題目，我會做更深入，也更廣泛的討論。

　　寫這本書有另外一個重要原因。這許多年來做了很多場演講，也被媒體訪問過很多次，次次都是意猶未盡，而且每次事後，在現場都有人問了更多的問題，演講完的發問場無人離席，而且觀眾發問的時間比演講的時間還長。還有一次被一位媒體人訪問時，中途我主動要求可否不要談別的，給我連續二十分鐘，讓我專門談一下核廢料，不要打斷我，只談這個話題，主持人也欣然接受。但事後檢討卻發現二十分鐘怎麼夠？從另一個角度來看，核廢料的處理在核能的科技世界裡已經是一個執行了數十年的題目，核廢料可以討論的話題很多，我在書中會傾囊相授的全面探討。

　　核電安全也是另一個爭議性頗大的題目，要用更大的篇幅來澈底解說。擁核的人說：「核電很安全。」反核的人說：「既然安全，為什麼日本還有福島的核爆？」擁核的人說：「那是氫氣爆炸不是核爆，所以核電很安全。」反核的人針對這點說：「不論是核爆還是氫爆，都是爆，而且造成了實質的損害，核反應爐的建築外殼已毀，造成了輻射外洩，有本事就不要讓氫爆發生嘛！」擁核的人說：「日本人在核安的認知與執行上有瑕疵，所以核災在別的國家不會發生。」反核的反應是：「這還得了，日本這個科技大國都不懂核安，怎可指望其他國家能夠超越？」

　　雙方立場都有一個共通點：以偏概全。現代核電廠的設計與建造、設備檢驗與人為操作，尚不能百分之百保證在其設計預定的存續之年達到完全安全，但是有核安概念的操作與堅守加強設備的態度，就可以在核電廠所設計的使用年限裡，達到完全不出事的標準。海嘯重創了東京電力公司的福島核電廠，但是同一海嘯也抵達了日本東北電力公司的女川核電廠，卻未造成危害，就是因為兩個核電廠或電力公司在人員操作與安全設備的要求上，其基本的態度就有明顯的差異。我會把這個重點在文中做一個明白的剖析，藉此解說很多有關核電安全的法則與防災設備的作用，讓讀者

可在這個話題上獲得充分的理解。

我在最近兩次的演講中，大膽預測了下一次世紀性核災的地點與原因，在書中就以文字詳細陳述我這樣預測是根據什麼，進一步讓大家能掌握到核電安全的本質，一則不必產生不必要的惶恐或懼怕，再者可以有效監督政府的核安措施，甚至可以再進一步來正確地影響政府的核能政策。

我不設立場也不埋伏筆，絕不推銷核能，也不打壓核電，文字的出發點，一切以供應資訊為主，並把重點放在闡明核能技術的諸多複雜概念，以淺顯的語言剖析核電的專業知識，把原本深奧的理論與物理概念變得易懂，即使沒有理工背景，也能對核能艱澀的理論在概念上迅速融會貫通。

核能專業上有幾個比較深奧的物理概念，涉及複雜的物理現象，但會在書中以淺顯的文字來描述，讓一般大眾看懂、了解，甚至可以完全掌握，這幾個概念包括了超臨界、臨界與次臨界的物理現象。因為這三種物理現象與軍事、政治、核電廠運轉，與核廢料處理有密切的關係，能夠掌握這三個概念，就能夠比較容易看懂核能、核電、軍事、政治、經濟與安全之間的因果關係，甚至可全面融會貫通。當然，若略過這些理論觀念的解說，仍然可以看懂這些大議題間的因果關係。

鈾二三五與鈽二三九這兩個元素，兩者各是核能發電的原料，也是原子彈的材料，能不能做成原子彈要看這兩者之一有沒有足夠的數量，有足夠的超臨界所需的基本數量，才能考量能不能達到超臨界的條件，而要達到超臨界的狀態，所以一些國家企圖製造核武，第一步就是想盡辦法來生產或製造出足量的鈾二三五或鈽二三九。

國際已有上百個國家簽署了防止核武擴散條約，就是因為大家怕非擁核武國家想製造核武，會造成國際上的政治動盪與軍事衝突，甚至觸發危險的核戰。為了防止核武擴散，做到實質上的遏止，大家授權給位置在維也納聯合國大樓隔壁的一個機構，名稱為「國際原子能總署」，有了諸國的授權，這個機構就可以到任何有核子設施的地方去檢查，其主要目的就是去勘查並印證那個國家或他們的核子設施有沒有能力製造，或已經製造

出足量的鈾二三五與鈽二三九，而有能力做出原子彈。

這二、三十年有很多國家試圖自製原子彈，想自己製造而未成功的國家有利比亞、巴西、臺灣，已有能力自製但半途自願放棄的有南非、哈薩克，未放棄的有北韓與伊朗。這些國家製造原子彈的企圖、背景、經過與現況都將在書中一一介紹。這些實例的介紹可以反映出核廢料為什麼令人矚目，為什麼「國際原子能總署」除了管制監控核廢提煉廠之外，也管制監控核能電廠的活動。有關的解說可幫助了解存在於核燃料與核廢料內的元素在經濟、軍事、政治上的意義。

因為核武原料鈽二三九可從核廢料提煉出來，設計消除核廢料的特殊核反應器或核反應爐就面臨到核武擴散的防範考量，因而會涉及到管理、法律與工程設計上的複雜性，本書會敘述這些有關議題的現況與展望。

我心中經過了一些掙扎，最後還是決定把一個走在時代前端有關輻射的話題放在書裡，畢竟我對這個議題的陳述，並無誇大其辭的成分，也無危言聳聽的心態，只覺得既有了科學的根據，就需要不畏社會的反應或輿論立場，只要本著良知報導實情就好，所以在書中會添加闡述低量輻射對人體產生免疫力效果的這個話題。

四十年前，臺灣各地有一些公寓建築材料發現有輻射，媒體報導稱之為「輻射鋼筋」事件，造成人心惶恐，因為大家都怕輻射會對身體造成危害。現在事隔數十年後，危害的程度應該可以看出一些端倪，臺灣大學與陽明大學許多位醫學教授共同執行了一項研究，他們對近一萬人的「輻射鋼筋」受害者做了近三十年的完整醫療追蹤，也發表了他們的結論，發現這些人的癌症發生率與一般民眾比較，有相當明顯的降低。

美國核能學會在 2018 年的一期月刊裡，有一篇有科學根據的報導，從近六十年以來各地所有的數據發現，如果人體常被輻射照射，而所受劑量又未超標，得癌症的統計數比未經輻射的人要低 20%。這是實際的數據，醫學界尚未掌握到癌症發生率降低的理論基礎，初步猜測是少量輻射能激發人體的免疫能力。

顯然，工業界、科學界、醫學界幾十年沿用的輻射劑量安全標準有過分苛求之嫌，但什麼標準才真正適當尚不得而知。少量的輻射只要沒有超標，顯然有實質上的防疫功能，但是要完全具體化又全面化的了解其機理，並制訂出真正安全又有助益健康效果的標準，仍需要有進一步的研發確認，才能夠訂出新標準，建立法律上的架構。美國前總統川普在 2017 年 2 月 24 日簽署了一項命令（13777 號），給美國國家環境保護局一項行動指令，要求他們開始在這個領域找出答案。書中也會針對這個題目有詳細的敘述。

人類的文明不論是有了幾千年也好，幾萬年也好，卻在近兩百年左右才有了科學上彰顯的成績，人類生活的品質也因為科學進步而得到實質上的優渥。水、電、各種日用品、通訊、醫療產品的出現，使人類文明與一百年前的生活品質相比不可同日而語，但是這一切的科學產品都有一個共同點，就是所有產品的製造，或人們每天生活使用這些產品時，面對人體中產生的化學變化，不論是消化器官在進行食物消化的化學反應，能量攝取的化學反應與物理反應，或是醫療上醫治性質的分子反應，都是屬於原子或分子外圈的運轉電子在進行交換的動作，而這類動作所涉及的能量交換，都在個位數字的「電子伏特」的範圍裡，每筆化學反應都涉有 1 至 4 個「電子伏特」，姑且不管電子伏特在能量上當成一個單位有什麼特殊意義，我們放眼望去，所面臨、所即時看到的或看不到的一切，在眼前發生的所有的、全部的生活機能，與所有的、全部的千萬類產品的製造，包括人體內千千萬萬的化學變化都同時涉及億萬個電子，而每個電子的能量交換，其單位都是區區幾個電子伏特而已，大多數都在 1 到 4 電子伏特的範圍。

核電或核能基本上已把科學與科學產品帶進了一個更高的層次。電子不再是主要的媒介了，取而代之的是中子，每一次或每一個化學變化或物理變化所牽涉的能量不再是個位數字的電子伏特，而是一千萬電子伏特或者一億電子伏特。所有涉及的物理反應不再只牽扯到一個原子表面的電

子，而是牽扯到深入原子內部的原子核。這意味著，人類的日常生活與日常所需的所有產品，已經由牽涉到原子表面的科學，更進一步牽涉到原子極深內部的原子核，所涉及的能量動輒增加了一千萬倍。若能夠很熟練的掌握這類更深層的科學，就能探索到自然界更深邃的資源，如果能把這些資源控制好，發揮成更大的效果，就能為人類帶來更多的福祉。

當然，現代的核能科技尚未達到至善或熟練的地步，而要繼續努力完全擺脫或有效地掌控核能所附帶的危險。隨著核能科技而來的是具有高放射性輻射的副產品，這種情況也是人類在發展核電或核能產品的同時要面對的，書中針對這個話題有全面性資訊，其中有不設立場的剖析，包含世界現況與各國在這方面進行中的研發與展望，都有詳細的說明。

下一代核電的設計與應用正在世界各地如火如荼地進行，很多媒體對於各類新型發電用的核反應爐的報導也不完全到位，甚至有張冠李戴之嫌。在書中，所有新型發電廠用的各式核反應爐，與近年美國國家航空暨太空總署將採用的赴火星核能飛行器與已在火星上使用的核能電源，都有描述與解說。

我也有一些朋友對我說過，他們把希望放在以核融合為主的核能技術上，因為這類核電的輻射量減少甚多，而且這類型的核能反應與太陽核反應的性質相同，而且這類核反應無虞原料的匱乏，但是所需達成的物理條件與技術尚未成熟，等到完全能夠商業化，還需假以時日，雖然要等得久一點，甚至要再等二、三十年，但仍然是值得的。這個立場我能理解，正好這個題目也與我的學位論文有關，這幾十年我對這個題目的關注不亞於核廢料與核安全，所以這方面的技術層面整理也包括在書裡。

風險評估這門學科被廣泛應用在許多不同的工程與技術領域上，包括近四十年來很成功的應用在核電安全上。大約在二十五年前左右，美國核能管制委員會正式把這門學科帶來的分析方法加入正式的法規裡，核能電廠或其他核能處理廠若有任何設計上的改變，或加入處理一些設備或操作上的變化，可用這門科學方法來分析，以證明改變後的安全程度未被降

低。若證明屬實，美國核能管制委員會就可依此作為審查的標準，認可或批准有關執照的申請。

世界上有兩、三個核電大國並未接受這門學科，沒有全面採用風險評估作為實質上在安全的評估與審查，這兩、三個大國包括了日本，雖然日本沒有全面採用風險評估，也未做成正式規範，但是在日本的十多個電力公司中，東北電力公司主動在自己內部做了完整的風險評估，找出瑕疵所在面對了瑕疵，藉以改進設備在安全上的品質，而成功的躲過了引發福島核災的海嘯。

書中會用淺顯易懂的文字來解說風險評估的原則、過程，與在核電安全上的應用，並且闡明一些比較容易混淆視聽的錯誤觀念。

這本書希望給擁核的群眾帶來一些重要的概念，那就是：核電安全須全心全意去維護才能達到目的，目前核電廠的硬體在設計的原意上都能達到百分之百的效果，但是若人為的操作失誤，或發生了未被原設計考量的情況，甚至政治凌駕了核電安全的要求，仍會導致核事故。核能電廠的硬體尚未能夠做到至善至美，可以面對任何諸如此類的挑戰。

也希望這本書能給反核的朋友帶來一些啟示，我能理解反核的心態基本上出自懼怕，這個立場可以了解，但是這本書的內容能提供真正評論或衡量核電危險性的依據，了解內容後，若仍然反核，也會更能夠據之以理，繼續努力反核。但若改變了立場而變得不再反核，也可節省精力，把時間有效率的用在監督核電安全上。

三十年後核電給人的觀感或在技術層面的特質，都會有重大的改變，這本書的主要目的，是在此刻提供給大家一個全面的、完整的、正確的核電資訊，作為有教育意義的開始。

趙嘉崇

表達感謝

　　我也要藉此，對影響我一生的師長與摯友深深表達感謝。他們是：基隆市信義國小陳一鳳老師、基隆中學王翠蓮老師、建國中學朱再發老師、輔仁大學郝思漢神父教授、德州奧斯丁大學的 Peter Riley 教授與 Billy Koen 教授、麻省理工學院 Neil Todreas 教授與 Bora Mikic 教授、阿岡國家實驗室的 James Matos 博士、美國電力研究院的 William Layman 經理與 Frank Rahn 博士、東京理工大學的 Hisashi Ninokata 教授，與成功大學的夏祖焯教授。

第 **3** 章　核電廠技術簡介

4 章 核能安全

第 5 章　核燃料

第 6 章　核廢料

7章 防範核武擴散

第 **8** 章 　輻射與健康

9章 核能新技術

10章 結 論

1.0 這本書的目的

　　其實絕大多數人都懼怕核電，這種情況我可以完全了解也能接受，尤其是核電在使用的這幾十年裡，發生了前蘇聯車諾比的核事故與日本福島核電廠的核災，並沒有成功地在運行安全上豎立起典範，加上核能在用於發電之前，它進入到這個世界的進場大秀，倒造成了人們對它的不佳印象，也深深在人心埋植懼怕的種子。

　　第二次世界大戰的兩顆原子彈在日本造成的災害，讓民眾見識到這種武器不只有強大的爆炸力能造成巨大的破壞，而且所釋放出的放射性物質，也讓民眾經歷輻射對人體危害的程度，有著失控性的可怕，一則是因為超量的輻射可以迅速致人於死地，再者是足量的輻射能使人得癌症，於是輻射的危險造成了人們對核電產生了根深蒂固的恐懼。這種恐懼核電的普遍性已有五、六十年的歷史，短時間要改變人們的這種感覺並不是很容易的，而且也沒有充分的理由能夠有效地改變人們想法。

　　然而世界上仍有許多國家大肆發展核電，似乎對核能的危害視而無睹。法國就是一個明顯的例子。幾十年以來法國的核電占全國發電量的70%，美國、日本、俄羅斯是核電大國，也是核電技術輸出國，這些國家本身也有反核的聲音，但卻也沒有阻擋自己國家發展又使用核電，而且一昧的向核電新技術方向不停的發展，與人們懼怕核電的心態形成了一個不能忽視的對比。

　　很明顯的，人們懼怕核電與核電仍在這世上繼續發展，兩者的不協調，意味著很多認知上的差異，這個差異出現在這個時代是再自然也不過了，因為核電本質是門非常複雜的科學，或學科，或科技，它與政治、經濟、軍事又有著不可分割的關係。從專業的角度來看，它包括了核子

物理、核反應器物理、流體力學、熱傳導、材料力學、結構力學、風險評估等；從學科的角度來看，它跨界涉獵了物理、化學、機械工程與土木工程、物理數學等學科。每一個核電的議題，不能只從單一學科或單一專業的角度來探討，人們對核電產生懼怕與諸國仍然向核電發展邁進間要深入探討原因，會是一個非常複雜的過程，因為這會牽涉到相當廣泛的議題，而且必須把這諸多議題同時一併探討，才能得到一個完整的、全面的與正確的認知。

　　這本書的主題就是活生生地硬要包括這諸多廣泛的議題，讓人們對核電有完整、全面與正確的認知。人們仍然可以選擇反核或擁核，或選擇在國家發展的旅程上，某一時段應該有核電或永遠不要有核電，但是在做選擇之前，人們必須先要有正確的認知。這本書的目的就是要單純地提供廣泛的、全面的、完整的、正確的核電知識與訊息，而不推崇、不推薦，也不推銷任何政治上、經濟上、政策上的理念，不論是偏向反核或擁核。

不需要理工背景

　　這本書所針對的讀者群，主要是一般民眾，不需要有理工背景就可以了解書中內容，所有理論性質的技術性話題都用易懂的語言來說明，例如讀者會發現，即使原本是深奧的核子反應物理，雖然沒有讀過物理也能容易看懂。

　　核子物理與核反應器物理也包括在這本書內，這樣的安排有兩個原因：1. 核電或核能工程是門趣味性非常高的學科，偏偏這方面的教科書都依靠著深澀難懂的文字與複雜的數學來達成完整教學的目的，而似乎沒人有意願想要花工夫把這類學科的趣味性有效又快速的呈現出來，讓有興趣的大眾讀者也能有機會掌握其中的奧妙與樂趣，這本書針對這點，做了一個大膽的嘗試。2. 若能快速地獲得一些有關這方面的物理概念，一些書中其他所探討或敘述的議題就可以得到完整的全面觀，這包括了核安、核武、核廢政策上的取捨，與安排面向的決定因素，都與一些核反應器物理或核子物理有關聯，有了核子物理的概念，可以快速了解國際事件發生的原因與發展的來龍去脈。

　　當然，如果完全省略了有關核子物理面向的介紹，也不會影響完全了解其他的章節，那些章節介紹關於軍事、政治、經濟的議題，它們的撰述都可以獨自成形、獨立存在的，而且這些議題與核電的關係是相互的，讀者很容易從其他章節的敘述得到充分的認知。

1.2 包括了所有核電議題

　　幾乎所有有關核電的議題都包括在這本書裡，第二章與第三章偏向技術性的介紹。第二章著重在核子物理與核反應器物理，讀者不需有理工背景，介紹這些物理議題的方式是把一些重要的，有關係的基本物理概念，用易懂的文字來描述物理現象，而能夠不藉任何數學公式來表達有關的完整概念，一般讀者讀完這一章後，就可以了解這些所涉獵的物理。

　　第三章介紹的是現有核能電廠的幾個基本類型與未來發展的設計。介紹的方式也是避免太多太複雜的敘述，因而不會掉入資訊太多不易吸收的陷阱。後面一些章節涉及了消除核廢又發電，與太空船動力與火星能源的發展，用第三章的內容為基礎，會相得益彰。

　　第四章談的是核能安全，這個話題內容相當廣泛，為了很快的抓住重點，這章的內容會聚焦在一個國家必須要做到什麼才能確保核電安全，其中大膽的預測下一次世紀性核災會在哪裡與為什麼，當然要說明這些之前會談一些基本資訊。

　　在第四章核電安全這個重大話題敘述的過程中，一定要談論一下風險評估，這是一個近年在工程界發展出來的學科，也是一個實用的分析工具，可以很有效的判斷出一個工廠、一架飛機，或一個工程狀態所持有危機或安全的情況，而且對這個情況數據化。基於這門學問是以或然率的觀念為基礎，有時候導致一些業者會有錯誤的觀念，造成他們對安全性方面的或然率，會與一個賭徒的賭運或然率有如出一轍之誤會，這本書的內容會更正這個錯誤的觀念，並且舉出易懂的例子來說明其原理，也會用淺易的文字把這套工具說得清楚。美國管理全國核電安全的機構，名為核能管制委會，在二十多年前已經正式把這個觀念與分析的工具明確歸納為法定

性的原則,用來判定一個核電廠任何更改程序、變動設備是否安全,藉以批准或否決廠方的申請。

在說明核電安全的原則之後,書中內容也不諱地預測下次核災會發生的地點,因為讀者掌握了這一章所闡述的核電安全原則後,自己就能客觀地直接使用來做預測。掌握了原則就應該能夠據理做預測,這才能符合科學法則,而且這種預測與政治無關,而是一種科學性的研判。一個擁核的國家,其執政者也必須能夠用這種科學性的原則做為研判依據,來制定核電安全的政策及審核核電廠的安全程度,反核的人們也須用這個原則來檢查核電廠是否能在安全上執行到位,如果拋開擁核或反核議題的選擇,民眾可以用同樣的原則來監督政府核電安全的政策與核能電廠在安全上的執行。

第五章所談的題目是核燃料。因為書中後面幾章囊括了許多重要議題,有核廢料、核武、核武防止擴散與核輻射,都與核燃料有關,所以這一章會以談論這許多議題為出發點,但是在這裡只會闡述一些基本概念,而不會有任何繁瑣又累贅的論述。

第六章開始談核廢料。這是一個範圍相當廣泛的議題,也是這本書的一個重點。這本書會在這個議題上大肆發揮,討論所有的層面與角度,有關核武的部分會拆分出去另外成立一個單獨的章節,即第七章,來專門闡述核廢料與核武的關係。

在第六章裡,除了對核廢料的基本資訊會做完整的陳述之外,也會多談一下現在有哪些國家正在發展特殊核反應爐來消除核廢料,消除核廢料的原理是什麼?為何可以消除核廢料又可以發電。除了用易懂的文字來介紹原理之外,也會敘述現況與展望,更重要的一項,是下一代有些新核能電廠的設計,也標榜了可以消除核廢料,這種特別功效的宣示會令一般民眾誤解,以為所有核廢料都可以被這些新型電廠消滅,但其實不然,此書會針對每種新型電廠對消除核廢料的功能、效果與目標,做有系統的比較與分類,並加敘一些因果關係與歷史背景。

　　第六章談論的是核廢料與核武的關係。一些細節不便詳細敘述，但是此章呈現的內容會讓讀者了解核廢料的產生、特質、意義與重要性，同時核廢料再循環與再提煉的目的、意義與方法，也會在一點基本原理與步驟上做說明，這些說明又可以幫助讀者順利地銜接到下一章，即對第七章有關防止核擴散的許多題目上更易了解。

　　同時第六章也會有部分章節專門討論核廢料處置於地層深處的措施，包括了所有事前所需的準備工作、工程與地質的要求、世界有哪些國家在這方面已經開始開發、建設到了什麼程度，與所面臨的問題等。筆者親自到過美國與瑞典的深層地下核廢料儲置場，也會對兩地做一比較，基於兩者之不同，也意味兩國對核廢處理的方式面臨了不同的問題，這些問題的特質也會在這一章有所討論。

　　第七章是著重於世界許多國家在這幾十年在防止核武擴散所做的貢獻，這個話題涉獵範圍相當廣泛，包括了核武原料製造的過程、機制，防範核武擴散所採納的原則，與執行所採取的策略與使用的設備。近幾十年來，防止核武擴散的成效與有影響力的政治因素也包括在討論內。幾十年前成立、位於維也納的國際原子能總署，就是為了防範核武在世界各地擴散，這個機構成立的經過、宗旨、組織績效，所面臨的困難，與所使用的器材與工作執行的方式，也都一一在這章內探討。曾經有哪些國家嘗試製造核武，其政治背景、製造過程也在書中敘述。當然此刻仍有一、兩個國家仍然被懷疑尚有野心而仍在從事這方面的勾當，書中也有適當的描述，這章最後的一個題目，是有關美國在這一方面的努力，所談的內容包括了美國這四十年來在防止核武擴散的策略、目標與執行的機制。

　　第八章談論的是輻射對身體的影響，在這裡所針對的是「影響」兩個字，而不是危害兩個字，所以這一章的內容包括了最新的科學議題，會討論危害也會討論益處，而且所牽涉的討論完全沒有為輻射益處推銷的企圖，也沒有特意要貶抑輻射對人體造成的危害。本章完全以科學的中立性為出發點，使讀者完全能夠理解輻射的對人體的影響、安全的指標、指標

設定的理由等，陳述的方式以言簡意賅為原則，避免深澀難懂的放射性物理，務必使讀者只要循著本書所呈現的脈絡，就能迅速地掌握幾個簡單扼要的概念與兩個數字，他日若遇到有輻射的情況，或者需要審視政府或核能電廠的數字，根據這兩個數字，自己可以馬上做出判斷，知道危險的程度。

有一個新穎的議題會在這章呈現，這是一個有突破性的議題，所涉及的論述已經在科學上露出肯定的曙光，這個議題在書中的呈現，可以讓讀者得到最新的資訊，那就是：少量的輻射會增加人體免疫力而降低得癌症的機率。至於要用多少劑量的輻射才能得到最佳效果，與如何實踐對個體類似打防疫針的措施，尚不得而知。世界各地在近六十年內，在這個領域上蒐集的數據已有了明確的證據，顯示了免疫的功效，這些數據，也包括了臺灣約四十年前的一個事件。那時有近萬人受輻射鋼筋的直接照射，而在此後的數十年中，從這近萬人的醫療追蹤裡，被一群醫學學者用來做了有組織的、全面性的、科學性的研究，印證這項結論。美國前總統川普在2017年簽署了一項總統命令，要美國國家環境保護局重新制定輻射危害指標，其目的就是要讓輻射的益處能有機會施展在人體上。這個議題仍在發展中，這一章有詳細的說明。

第九章包括的題目最廣泛，因為涉及了核能與核電領域裡所有下一波的發展，有的項目已經開始研發，有的仍在紙上設計，但有的已經把成品製造完成了。書中所談論的應用包含了：核電輪船、核能火箭、火星探測車電源。下一代的核能電廠包含了：快中子增殖爐、小型組裝爐、融鹽冷卻爐與行波爐。在核融合方面也有廣泛的介紹，囊括了各國正在進行的原型實驗，他們所自稱的優勢與期望都做了分析與比較。近年也有不少商業性的投資，成立了研發公司，有著商轉的企圖與遠景，書中都做了陳述。

最後一章是結論，在這個年代裡，在核電的任何題目上做出結論並不容易，因為核電目前尚在急速發展中，加上複雜的政治、經濟與地球暖化的因素，使得未來幾年或幾十年發展的方向難以完全確定，但是由於核電

或核能的廣泛應用，許多國家在核能科學與科技的層面仍然如火如荼的進行。這本書的主要目的是希望能及時提供民眾許多在這方面的必要資訊，大家有了基本的認知後再一起做出決定，不論是有關其政治、經濟、科學或教育層面，有了正確的決定後，才能讓國家與社會得到益處，不論是反核或擁核。

2章

核反應器物理基本概念

2.0　簡單的介紹

　　在所有核電的領域中，核反應器物理是排列第一的學科。因為核能發電的基本原理從這裡開始，當然也有其他學科是核能發電的重要部分，因為篇幅關係沒有辦法探討全部有關的學科，而核反應器物理也是核廢料處理的基礎，更是核武所涉及的重要概念，所以這本書在一開始就會介紹有關這方面一些有用也有趣的物理現象，所有物理現象都會以生動的故事或舉例描述，不會涉及任何數學公式，目的就是不必一定需要理工背景，就能了解所討論的概念。

　　核能發電所有的學科包括了：1.核反應器物理、2.熱傳流力學、3.核能材料、4.結構力學、5.燃料循環與廢料處理、6.風險評估，與7.嚴重事故。除第一項核反應器物理會在第二章討論外，第六項的風險評估也會在第四章核能安全裡做一些深度的介紹。同時風險評估已經在近幾十年來在核電安全上成為一個重要的工具，它所牽涉的觀念也助於了解核安的一些議題，因而對核能安全所採取的措施產生深度之認知。

　　核反應器物理是指在反應器內部，與核能反應有關的物理現象。核反應器這個名詞常常被另一個名詞──核反應爐──所代替，所以核反應器物理與核反應爐物理這兩個名詞是互相通用的，因為反應器是一個通用的名詞，而核反應器又被稱為核反應爐，是因為它的體型大，一般都指直徑有五到六公尺，高度有六到十五公尺，形似巨大火爐故而得名，也有國家仍然沿用另一個老舊的名詞──核反應堆，意思也是一樣。

核子物理

在介紹核反應器物理之前，先來描述一下核子物理。核子物理與核反應器物理不同，核子物理是談論物理上有關在原子極深內部，有關原子核方面的一些特性。這個題目涉獵範圍極為廣泛，而且是屬於物理學的範圍，所以在這裡只談一些與核反應器有關的基本核子物理知識。

2.1.1 化學反應與電子

先從化學的領域開始談起。用這個做出發點比較容易建立一些在核子物理方面的新觀念。因為人們在日常生活中，不斷的經歷了無數的化學反應、看過許多的化學現象，以化學的例子為基礎比較易懂。任何一個人在任何一個場合，在任何狀態中，在任何環境裡，放眼望去，上下左右所看到的，盡是無窮的化學反應正在進行。譬如一個人若坐在一間餐館裡吃飯，服務人員端上一盤剛炒熟的肉絲，肉絲吃進肚子裡，開始胃裡的消化，單是這個過程就經歷了許多化學反應，肉絲原來是生的，炒熟了是一種化學變化，吃到嘴裡，進入了胃裡開始了另一串的化學反應，胃酸分解了食物，產生了養分，養分被吸收入體內，轉化成了能量，人體把化學能轉換成動能，讓人可以行動。這都是一連串的、許許多多的化學反應。

吃完了，盤子回收到廚房，用洗潔精把油垢洗去，吃飯時喝了一點酒，酒喝多了有點頭痛，吃片止痛藥，頭不痛了，這一切的過程，也是數不清的化學反應。一個人坐在辦公室，在開車、在開會、在走路，放眼望去，所有可以看得見的與看不見的，包括了自己的身體，都是不計其數的化學反應在同時進行。

我們天天用的產品——塑膠品、電器、衣物、鞋帽、牙膏、肥皂、衛生紙、洗髮精、紙盒、塑膠袋，幾乎所有的產品都在工廠製造，而這一切製造的過程都是經歷了一連串化學反應，一個人的一生所需都必須依賴幾萬個化學反應，才能有現在的文明生活。而這許許多多的化學反應都必須仰賴兩個要素——原料與能源，因為這一切的化學反應都是需要能源來進行的，所有化學反應都是靠著物質分子之間的能量交換來改變物質的原貌，得以生產出對人們有用的產品。

舉了這許多的例子是想要傳遞兩個重要訊息：1. 人類所依靠的成千上萬的化學反應都是物質之間的電子交換，2. 每個電子交換時，所涉及的能量大小都是在 1 至 10 個電子伏特左右。

若要問電子伏特是什麼？有多大？有什麼意義？我的答案是：別管他。其他還有許多能量的單位，如焦耳、爾格等等，都可以在教科書找到它們的定義，與這些不同單位它們之間的換算公式，即使是剛才提到的電子交換所涉及的能量，也不過是區區幾個電子伏特的單位，也能夠換成焦耳或爾格。但是這都不必要，目前大家所需要知道就是，在人們生活中所需要的千千萬萬個化學反應，每個化學反應都是諸多材料分子，它們之間在做電子交換而生產出有用的產品，而每個電子交換時，所涉及的能量都是在數個電子伏特之譜，電子伏特是能量的單位，也順便提一下，伏特不是能量單位而是電壓單位。

2.1.2 核子反應與中子

現在談到重點了，核反應器內有著成千上億的核子反應同時進行，核子反應與化學反應不同的地方有三大點：1. 核子反應是在分子或原子內部極深處的原子核，與其他分子內部的原子核做互相的反應，2. 反應的媒介不是電子而是中子，3. 每個反應所涉及的能量不再只是數個電子伏特而

已，而是幾億個電子伏特了。

　　談到中子是媒介，與核反應所涉及能量有著超大幅度的增加，有幾點意義：1. 中子不是人們日常所熟悉的媒介，而電子是，在家裡牆壁上的插座裡，隨時都有千億個電子，只要開關一按，這許多電子就紛紛湧入電燈而開始照明，或湧進其他電器，開始了電器的運作。2. 中子一介入，所涉及的能量，是人們所熟悉的化學反應的上億倍，若沒有適當的設備，很難掌控。3. 在能量的尺度中，化學能的指標是很小的，所幸的是，人類目前的文明，還不致嫌棄這些化學反應的尺度太小。4. 太陽產生的太陽能是超尺度的，中子在其中是傳遞能量的一種媒介，太陽能一旦傳達到地球上，所幸被遠距的效應稀釋了，而減低到人們熟悉的化學能尺度。5. 地球上此刻仍有多數科學家正在從事一項主流科學研究，用高能量的粒子對撞，藉以尋找出一些關鍵性的新粒子與研究新的科學理論，所涉及的能量都在十兆電子伏特左右，也就是，是目前所談論的核反應的能量的十萬倍，從能量的尺度來說，這些化學反應，核反應只是能量尺度上的起步而已，好戲還在後頭呢。

　　中子與核反應帶來高尺度的能量，在目前的生活環境裡，不是一般民眾會常見的或常直接接觸到的，而是獨立存在於特別設計的環境裡，如核能電廠裡或物理實驗室裡，它們是不是有一天可普遍化，或存在的數量變多，那可能要看這個社會使用的電是否會增加很多，以及核子反應器的設計與操作，其安全程度是否能被廣大民眾接受。在這些因素沒有定案之前，了解中子做為能量交換的媒介與更高尺度的能量來源出自於核子反應，有助於民眾對進一步的能源發展具備所需的認知。至於如何發展與何時發展，會在另一本書中討論。

2.1.3 中子哪裡來

電子可以從牆上電源的插座出來，而且可以隨時都有，但是中子的來源就沒有如此方便了，在日常生活中的環境裡，很少有產生大量中子的設備，在核反應器內會產生大量中子。一般而言，中子的來源有二：1. 在核反應器內有專用的中子源，與 2. 進行中的核反應會產生中子。核子反應現在並沒有普及到像化學反應一樣，深入人們日常的生活裡，中子的來源也沒有像電子源或電源般被商業化而垂手可得，這都是因爲人類的用電量尚未多到需要大幅仰賴核電的地步，而核電的安全也尚未被全面肯定而被廣泛使用。把中子與電子並列而談，把核子反應與化學反應一同討論，是讓大眾了解，核能的產生與現在大家直接使用的化學能有許多相似的地方，只是核能所涉及的能量尺度高了許多，而且需要有高度的科技來掌握，也要有高度要求的安全規格來規範，才能容許其普及化。

當然本書中所做的比方都是用淺而易懂的模式闡述一些觀念，而一些比較深入的或者更完整的，或者與本書主題偏離的核子物理都會被省略。

2.1.4 三度空間的週期表

化學反應與核子反應的對比，也可從另一個角度來描述，核子反應器所涉及的核子物理，可以用一個三度空間的週期表來詮釋。週期表一向是化學家的寶庫，週期表把所有的元素排列在一起，形成一個很有意義、很實用的構圖。圖 2.1 是化學家所熟知的版本，也是正統版本的週期表，它有兩大特性：第一，在同一縱列格子內的元素，它們最外層軌道都有同樣數目的電子，所以有著相似的化學性質。第二，平日所用的，身體內所產生的化學成分或化學分子，例如成千上萬的蛋白質、碳水化合物、化學品，都是靠著電子在許許多多的元素之間穿梭，結合成新的分子，或促使

分子分離而造成不同的分子，如同億萬個電子遊走在一個兩度空間的週期
表平面裡。

1 H																	2 He
3 Li	4 Be											5 B	6 C	7 N	8 O	9 F	10 Ne
11 Na	12 Mg											13 Al	14 Si	15 P	16 S	17 Cl	18 Ar
19 K	20 CA	21 Sc	22 Ti	23 V	24 Cr	25 Mn	26 Fe	27 Co	28 Ni	29 Cu	30 Zn	31 Ga	32 Ge	33 As	34 Se	35 Br	36 Kr
37 Rb	38 Sr	39 Y	40 Zr	41 Nb	42 Mo	43 Tc	44 Ru	45 Rh	46 Pd	47 Ag	48 Cd	49 In	50 Sn	51 Sb	52 Te	53 I	54 Xe
55 Cs	56 Ba	57 LA	72 Hf	73 Ta	74 W	75 Re	76 Os	77 Ir	78 Pt	79 Au	80 Hg	81 Tl	82 Pb	83 Bi	84 Po	85 At	86 Rn
87 Fr	88 Ra	89 Ac	104 Rf	105 Db	106 Sg	107 Bh	108 Hs	109 Mt	110 Ds	111 Rg	112 Cn	113 Nh	114 Fl	115 Mc	116 Lv	117 Ts	118 Og

鑭系元素：

58 Ce	59 Pr	60 Nd	61 Pm	62 Sm	63 Eu	64 Gd	65 Tb	66 Dy	67 Ho	68 Er	69 Tm	70 Yb	71 Lu

錒系元素：

90 Th	91 Pa	92 U	93 Np	94 Pu	95 Am	96 Cm	97 Bk	98 Cf	99 Es	100 Fm	101 Md	102 No	103 Lr

圖2.1　一般化學週期素是用二度空間展示

對核子反應而言，已經不再是一個兩度空間的週期表可以完整表
達，而是需要一個三度空間的週期表。圖 2.2 是一個三度空間的週期表，
第三度空間的需要是基於每一個元素都有數個同位素，要把這些同位素放
在週期表裡，才能夠顯示出元素與其同位素的關係，與同位素之間核子反
應的特質，週期表必須要用更深一層的描述才能更完整表達出元素與其同
位素。

在週期表內的每個方塊裡，都定位了一個元素在內，若用想像力，把
每個方格看成一個抽屜，每個抽屜裡面仍有向內部延伸的空間，空間向內
部延展成數個分格，每個分格都是一個獨立的同位素，在同一抽屜內的同
位素都隸屬在最前端表面方格中的元素，而每個方格內的物質都是這個元
素的同位素。

1 H（1D 1T）																	2 He
3 Li	4 Be											5 B	6 C	7 N	8 O	9 F	10 Ne
11 Na	12 Mg											13 Al	14 Si	15 P	16 S	17 Cl	18 Ar
19 K	20 CA	21 Sc	22 Ti	23 V	24 Cr	25 Mn	26 Fe	27 Co	28 Ni	29 Cu	30 Zn	31 Ga	32 Ge	33 As	34 Se	35 Br	36 Kr
37 Rb	38 Sr	39 Y	40 Zr	41 Nb	42 Mo	43 Tc	44 Ru	45 Rh	46 Pd	47 Ag	48 Cd	49 In	50 Sn	51 Sb	52 Te	53 I	54 Xe
55 Cs	56 Ba	57 LA	72 Hf	73 Ta	74 W	75 Re	76 Os	77 Ir	78 Pt	79 Au	80 Hg	81 Tl	82 Pb	83 Bi	84 Po	85 At	86 Rn
87 Fr	88 Ra	89 Ac	104 Rf	105 Db	106 Sg	107 Bh	108 Hs	109 Mt	110 Ds	111 Rg	112 Cn	113 Nh	114 Fl	115 Mc	116 Lv	117 Ts	118 Og

鑭系元素：

58 Ce	59 Pr	60 Nd	61 Pm	62 Sm	63 Eu	64 Gd	65 Tb	66 Dy	67 Ho	68 Er	69 Tm	70 Yb	71 Lu

錒系元素：

90 Th	91 Pa	92 U	93 Np	94 Pu	95 Am	96 Cm	97 Bk	98 Cf	99 Es	100 Fm	101 Md	102 No	103 Lr

圖2.2　週期表需用三度空間來展示所有元素的同位素

　　什麼是同位素？同位素就是對任何一個元素，與它有相同數目的質子數，卻有不同中子數的元素，稱之為該元素的同位素，譬如碳元素。碳的質子數是6，碳元素的符號是C，碳的同位素有 ^{12}C、^{13}C 與 ^{14}C。而 ^{12}C 的原子核內有6個質子與6個中子，因為 6 + 6 = 12，所以12是它的質量數，即中子數6與質子數6的總合，在此之後中子數加上質子數就定義成為質量數。再舉另一例子，^{14}C 是 C 或碳的同位素，它的質子數是6，質量數是14，中子數 = 質量數減去質子數，即 14 – 6 = 8，所以 ^{14}C 這個同位素的中子數是8，質量數是14，質子數是6。

　　因為所有元素的質子數與電子數相同，而電子數決定了這個元素的化學性質，所以每一個元素的同位素的化學性質都與元素一樣，所以原來的兩度空間週期表內方格所存在的元素，因為每一個元素的電子數都與其他的元素不同，所以每一個元素都有其特殊的化學特質，這也是原來週期表所要呈現的，因為在同一抽屜內所有同位素都有著相同數目的電子，它們

的化學性就完全一樣，所以在化學反應裡，任何一個元素其同位素的化學特質都完全相同。

　　但是每一個元素的同位素其核子特質都不同，這意味著每一個元素的同位素對核子反應，即用中子為媒介的核子反應都會有不同的結果。所謂的不同的結果有兩層意義：1. 不同的同位素與中子發生核反應後，其產物有所不同；2. 相同的同位素與中子產生核反應時，雖然其產物相同，但是產量會因為中子在發生核反應時，因為中子的能量不同而有截然不同的產量。這意味著核子反應所牽涉的物理現象比化學反應涉及更深一層的物理現象。在核子反應裡，中子所扮演的角色也比電子在化學反應裡的角色更為吃重，於是核反應器在設計上要有更多的考量，如何設法把中子的能量掌控住，就成為一個重要考量，以便達到預期的核子反應效果。

　　再來用一下想像力。把原來的週期表，試想成是一個平面的、兩度空間的表格，其主要目的之一是展示一些元素的化學共通性。所有排在同一縱行方格內的元素，都有極相似的化學性，它們化學相似性的原因是，這些元素在原子最外層軌道的電子數目都一樣，因此位於同一縱行的諸元素進行化學反應時有極相似的結果，或產生出化學性很相近的產品。這是因為化學反應的主要形式或理論基礎，都是依靠這些元素在做它們之間的電子交換，而完成了化學反應。

　　若把週期表的表面看成是很多抽屜門面堆砌起來的方格，這些方格的表面是電子能夠發生交互作用的範圍，在我們日常生活中所接觸到的，千千萬萬的化學反應，都存在於週期表的表面上，一切都是由電子為媒介的、物質變化所存在的一個二度空間裡。

　　繼續施展一下想像力，可以把核子反應想像成都歸屬在一個三度空間週期表內發生的物理現象，這些物理現象都發生在週期表的內層裡，或者被看成一切都發生在抽屜門面以內的格子裡，或深入內層的空間裡。中子不再像電子一樣，只在門面的表面遊走，而是穿梭在內層的空間裡，而且所涉及的反應，不只改變原來參與化學反應元素間的電子分布，而且由中

子主導的核子反應還能改變所參與元素的質子數，意味著原來的元素都改變了。

舉個例子來說明化學反應。碳烤香腸的碳也是用來火力發電的碳，在週期表的位置是從右邊算來第五縱行最頂端的元素，英文符號是 C。碳點燃了，就與空中的氧產生了化學變化，產生二氧化碳與熱能，熱烤熟了香腸，也把鍋爐裡的水加熱產生了水蒸氣，藉此推動了渦輪與發動機發電，這個產生二氧化碳的化學反應，就是一個在碳原子最外層的電子與二個氧原子的最外層的電子，一起組成了新的、共同的軌道，把這一個碳原子與二個氧原子都套牢在一起，形成了二氧化碳的一個分子。

氧元素在週期表的位置是從右邊算來第三縱行的頂端，這兩個元素結合的化學反應，是依賴著呈現在週期表表面諸元素之間的電子交換，或重新分配而促成的。化學反應有一重要的特質，是與核子反應有非常不同的一個特點，是反應前的元素與反應後的元素都一樣，碳燒的這個例子，就是在反應之前有一粒原子的碳元素與兩粒原子的氧元素，反應後也是有一粒原子的碳元素與兩粒原子的氧元素，只不過是這三粒原子結合成了一個有三粒原子的分子，這分子常被稱為二氧化碳，但是元素並沒改變。

再另舉一例來描述核子反應，這類反應的元素會在反應的過程有所改變，反應的媒介不再是電子，在核反應器內進行的核反應多數是以中子為媒介，若用週期表的位置來呈現核子反應，這些反應都在視為三度空間的週期表中進行。以下面的一個核反應為例來解說這些論點。

$$^{14}N_7 + {}^1n_0 \rightarrow {}^{14}C_6 + {}^1H_0$$

氮常見的同位素有氮 13、氮 14 與氮 15，即 ^{13}N、^{14}N 與 ^{15}N。碳常見的同位素有碳 11、碳 12、碳 13 與碳 14，即 ^{11}C、^{12}C、^{13}C 與 ^{14}C。上面這個反應是一個核子反應，可能在核反應器內進行，核反應器內有許多中

子，中子與氮 14 產生核子反應後會變成碳 14 與一個質子，^{1}H 也可用來表示一粒質子。顯然的，反應前與反應後的元素都不同了，這是與化學反應極大不同的。

用三度空間的週期表來描述核子反應之前，要先確定核子反應前與反應後，參與元素在週期表的位置，先來找氮的位置。氮的抽屜位置是在週期表門面從右邊算來第四個縱行的頂端，拉開抽屜，可以看出從外層的表面到內部分成三格，各是氮 13、氮 14 與氮 15。碳的位置是由右邊算來第五縱行的頂端，拉開了抽屜，從外到內分成四格，各是碳 11、碳 12、碳 13 與碳 14。

前面所舉的核子反應例子，是描述一粒氮 14 與中子發生反應後，會產生出一粒碳 14 的原子與一粒質子。氮 14 與碳 14 在週期表內層的位置，正好可以從這個三度空間週期表的屋頂上往下看，可以看到氮與碳置放其所有同位素的抽屜內部，也包括了氮 14 與碳 14 的格間，以這樣的描述解說了參與核子反應的同位素，其實都存在於一個三度空間的週期表。

世界上或宇宙裡所發生的核子反應，其種類不計其數，但是在此書所談核子反應的範圍，只包括與核能或核電有關的反應，也就是只談論由中子或質子產生的核子反應，目的是希望對核能的了解可以從基本的現象開始。

2.1.5 原子核的模型

為什麼所有的化學反應只用到週期表的表面來描述，而不必涉及到週期表的第三度空間呢？因為化學反應只牽涉到電子在原子之間的互相交換，而且交換時所涉及的能量也不是很大。原始的週期表，也就是在這本書裡被視為是一個三度空間週期表的門面或表面，它的設計或者原來形成的原因，是基於許多元素有相似的化學性質，而排在同一縱列。同一縱列

排在愈底層的元素，它的電子數目愈多，但是這些元素最外一層的電子數目都相同，所以它們都有著類似的化學性質，在某一縱行的元素若與另外一個縱行的元素產生化學反應時，也是基於位於這兩個縱行的元素，它們最外層電子軌道產生某種新形式的共通或共用性，而使得這些最外層的全部電子在新的軌道上做了某種重新分配的安排。

核子反應與化學反應的模式大大地不同。來用一下想像力，先來了解一下核子模型吧。試想有一群朋友，六、七個人來家裡打撲克牌，或者是一共四人在房間裡打麻將，撲克牌桌子的直徑約 2 公尺，或者麻將桌長大約 1.25 公尺，打牌的人數男女參半，但也不一定是一半一半，把男的當成質子，把女的看成中子，這個打牌的房間，一個不是很大的房間就是一個原子核。

這時候要再多用一點想像力，想像成有一條很細的繩子，一端綁住一個氣球，另一端固定在屋頂上，氣球內的氣不足，所以只能浮在離地面三至五公尺的空中，但是繩子的長度，卻有三至五公里，當然這是一個不可思議的畫面，但是這也如同原子核模型一樣，都是不可思議的，更不可思議的是這氣球與打牌屋之間的空間，都是真空的。當然，這個模式也說明了為什麼中子星與黑洞能夠形成，但是這個話題牽涉到近代物理，不在這本書的討論範圍內，而會在另一本書中敘述。但是要附帶一提的是，打牌的房間就是原子核，這個房間加上了被綁住的氣球，包括了房間與氣球之間的廣大空間，就是一顆原子。

綁住氣球的繩子又細又長，很容易被風吹斷，一旦外界有一點風雨，氣球很容易脫線離去。再回頭來看看屋內的牌局，打牌的人絲毫未受這點風雨影響而改變牌局，倒是會因為打牌的人有進出而更換了牌局，有可能有人進來，而牌局一分為二，改成打兩桌，或者原來如果是兩桌，因為有人離去，而併成一桌。

中子與原子產生了核子反應時，基本上也改變了原子核內的組成成員，而改變了原子核的本質，基本上會改變成為一個不同的物質，這是與

化學反應本質上的基本差異，所以其所牽涉的能量也大許多。

　　圖 2.3 呈現一個眞正的原子與原子核的模型，這兩者的尺寸也在圖中標明。所有的元素，它們的原子的大小都不一樣，而屬於同一元素的諸同位素的原子的大小也都不同，原子的大小可以被看成是包圍在原子最外圍的一層電子，其運轉的球形夾層軌道的直徑都不相同，這是因爲不同的元素，其電子數目與質子數目都不一樣，不同的同位素中又有不同的中子數目，這些質子與中子互相有作用力而造成大不同的原子核，又因爲電子與質子之間的作用力，而造就電子運動的夾層球形軌道有了不同的直徑。

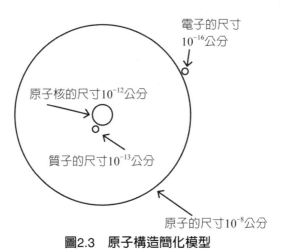

圖2.3　**原子構造簡化模型**

2.1.6 核反應的特質

　　核子反應與化學反應作比較時，還有其他很重要的，本質上的不同。當一個原子核與一個中子發生了核子反應時，會有許多新的物理現象，這種物理現象是不存在於電子與原子之間產生的化學反應中，而且中子與一個原子核產生核子反應時，要看核子反應時中子的能量有多少，而

決定核子反應後的產物是什麼，這個要件也不存在於電子與原子之間的化學反應。

2.1.7 核反應的種類

核子反應有許許多多種類，在這本書裡只討論與核能或核電有關的核子反應，也是常常在核反應器內所進行的核子反應。這本書所討論的核反應器只有兩大類，一類是發電用的，另一類是處理核廢料用的。這兩類的核反應器或核反應爐，會在其他有關聯的章節裡有詳細的介紹與討論。

前面一些章節討論的是一些基本的、與核反應器有關的核子物理。核反應器物理與核子物理卻是兩個完全不同的領域。核反應器物理是核能工程師必須要先掌握的專業，這個專業先被掌握之後，下一步有關電廠如何擷取能源用來發展的工程設計才能繼續。

2.1.8 核反應器物理

工程核反應器物理所涉及的物理題目，主要包括了兩個大項目。第一個大項目是核電工程師要能夠計算出在一個幾何形狀像一個直立圓筒的核反應爐內，在內的任何一位置有多少中子，第二大項目是要能計算出這些中子，它們是能量各是多少。在這個圓筒形狀核反應爐的外面，幾乎沒有中子了，原因是在核反應爐的表面往往被幾層厚厚的防護隔離體所包住，大部分中子與輻射都被隔離在內，隔離體一般的設計都用數吋厚的金屬與近一公尺厚的水泥所包圍。一旦算出來在核反應爐內任何一角落的中子數量與這些中子的能量，工程師就能夠計算出來在該角落的能源產生量，這個計算就是核能工程師的在核反應器物理上的最終目的。

2.1.9 核反應器內的能量分布

　　核能工程師能夠計算出在核反應爐或核反應器內任何一角落能源的產量，因為他需要完全掌握核反應爐內的能量分布，這樣他就能夠做下一步的設計，來安排大小、位置適當的冷卻液通道，讓冷卻液有效地進入核反應爐，使爐內溫度穩定，又能把核子反應產生的熱量帶出爐外，送到另一個有水的裝置中，把水加熱產生水蒸氣，繼而推動渦輪與發電機來發電。

　　能夠產生所需要核子反應的物質就是核原料，核原料裝填在又細又長的金屬筒中，就是核燃料棒，核能工程師會做許多核子反應的考量，精密設計成核燃料棒，它們的尺寸、間隔，與在核反應爐內的位置都包括在這類的精密設計中，這些設計會牽涉到一些核子反應的特性。而在此所討論的核子反應，就是指中子與核燃料物質之間的核子反應，這些核子反應會在下面的章節裡做進一步的敘述。

2.1.10 中子核子反應

　　中子的出現是會有速度的，而且各種大小速度都有，中子與核燃料物質的核子反應，第一類的考量就是中子與這些燃料的原子核產生碰撞時，會因為中子速度不同而會有不同的結果，換言之，因為有不同的碰撞就會有不同的核子反應，也意味著不同的核子反應，就會產生不同的核物質與不同數量的能源。碰撞可分為彈性碰撞與非彈性碰撞，彈性碰撞意味碰撞之後，中子與原子核各自分開後，沒有新的產物出現，只是兩者動量有所改變。非彈性碰撞會產生不同的產品，所涉及的物理現象也頗為複雜。

　　原子核在原子的深處，而原子的外圍表面有許多電子圍繞著原子核轉動，中子由於其體型大、能量高，可以完全無視於電子，長驅直入原子核與原子核開始核子反應。這第一類反應的碰撞與兩個球體碰撞的物理現象

非常不同,其中牽涉到核子作用力,得依賴量子力學與高能粒力物理才能做完善的描述,且這方面的理論,其本身也尚未達到很完整的地步,有許多物理學家仍在這個領域努力。

在核反應器內,有不同速度的中子與燃料的原子核產了碰撞,碰撞後會有不同的後果,這許多不同後果的核子反應包括上面提到的完全彈性碰撞與非彈性碰撞之外,尚包括了其他形式的結合或變化,如完全吸收、核分裂、核融合等。下面章節會對這些不同的核子反應有比較詳細的描述,也會解釋這些不同的核子反應如何影響核反應器內能量的分布。

2.1.11 彈性碰撞

中子與原子核碰撞產生的許多核子反應之中,有一類是彈性碰撞,這種碰撞是在碰撞之後,中子與原子核的本質沒有改變,只是中子被彈離原來的運動路線,而且中子的動能也有改變,這類的核子反應對核反應器內整體的能量改變沒有很大的影響,但是中子被彈離原來的路徑,常被作核子反應器物理分析時的考量,因為中子在核反應器其數量的分布會因此而有所改變。

2.1.12 非彈性碰撞

中子與原子核之間的非彈性碰撞包括的核子反應種類相當多,在下面兩個章節會說明兩個在核反應爐中角色比較重要的核子反應。

2.1.13 完全吸收核反應

中子有可能被一個原子核完全吸收而改變了原子核的中子數，而變成原子核的另一個同位素，這種核子反應等於吸收了中子原來的動能，而改變了原子核的能量狀態。由於能量狀態有所改變，加上這個核子反應造成了一個新的同位素，這個新的同位素常常用輻射的形式釋放出能量，視元素的特質所釋放出的輻射可能是加馬射線、貝他射線或是阿伐射線。世界上有許多核子反應爐，其目的就是要製造醫學用或工業用，或日常生活用的同位素。

2.1.14 核分裂

核分裂是這本書的主題。中子碰到了燃料用的原子核，就特別容易產生原子核分裂的核子反應，原子核分裂後會產生了巨量的能量，同時原來的原子核就分裂成兩或三個體積較小或質子數較少的原子核，再加上一個至三個的中子。新產生出來的中子又再與其他燃料原子核產生了相似的核分裂核子反應，又產生了小的原子核與更多的中子，如此綿綿不斷連續性的核子反應，就是連鎖反應。因為每次核子反應所需時間相當短，在短短的時間內就會因為連鎖反應的形成而釋放出巨量的能量，也是因為所需時間非常短，使得千千萬萬核分裂的核子反應，一旦連鎖反應開始，感覺上好像一切都在瞬間發生。

最常用的核燃料是鈾 235 與鈽 239。通常的念法是，前者念成鈾二三五，後者念成鈽二三九。鈾二三五是鈾元素中其中的一個同位素，鈽二三九也是鈽元素中的一個同位素。不同的同位素其核子反應的物理特性就大不相同，所以鈾二三八同位素就沒有像鈾二三五所擁有的強有力的核分裂特性，所以鈾二三八就不能做核燃料，而鈾二三五就可以。同樣的道

理，鈽二三九因為有強有力的核分裂特性，所以可以做成核燃料，而鈽二三八是鈽的另一個同位素，因為沒有強有力的核分裂特性，於是也就不能做為核燃料。

不同的同位素雖然都類屬同一元素，但是對核子反應而言，卻都具有不同的特質，所以從核子物理的角色來看，它們好像是不同的元素，所以若採用週期表的概念與識別法，週期表就需要採取三度空間的週期表，才能完整的呈現所有同位素，才能反映出它們具有不同的物理特質。

2.1.15 核分裂物理

這裡再進一步闡述核分裂反應所涉及的物理現象。這些都是與核能有關的重大概念。例如以鈾二三五為例，當中子碰到了一個鈾二三五的原子核，所發生的核分裂的核子反應，可用下面這兩個反應式來說明，這兩個反應式只是許多核分裂的例子而已，還有其他許許多多不同的核分裂反應都存在。

$$n^1 + {}_{92}U^{235} \rightarrow {}_{92}U^{236} \rightarrow {}_{56}Ba^{144} + {}_{36}Kr^{89} + 3n^1 + 177 \text{ MeV}$$
$$n^1 + {}_{92}U^{235} \rightarrow {}_{92}U^{236} \rightarrow {}_{55}Cs^{137} + {}_{37}Rb^{95} + 4n^1 + 191 \text{ MeV}$$

現在用第一個反應式來說明這些英文符號與數字的意義。這個反應式一共有七項，每項由左至右是這樣被解說的。

第一項是 n^1，字母 n 是指中子，原文是 Neutron，n 的右邊有一個數字是 1，這表示了這個物體的總原子數，一顆中子，沒有其他粒子附身，它的原子總數就是一個中子的數目，就是 1。順便一提，一個同位素，或一個元素，或一個物體，或一顆粒子，它的原子數就是它的中子數加上質子數。元素有所不同是根據它的質子數而決定的，也就是說有不同的質子

數就是不同的元素，有相同質子數的元素，若它們的中子數有所不同時，這群元素就是同位素。

第二項是 $_{92}U^{235}$，前面有提到可做成核燃料的 U235，可以念成鈾二三五，就是指這個同位素，這一項在這裡寫成 $_{92}U$，92 是它的質子數，二三五是它的總原子數。

第三項是 $_{92}U^{236}$，這是鈾的同位素，因為它與 $_{92}U^{235}$ 都有相同的質子數 92，所以 $_{92}U^{236}$ 與 $_{92}U^{235}$ 是同位素，也因為它們都有相同的質子數 92，所以它們都是鈾的同位素，換言之，質子數若是 92，其符號就是 U，所以一般而言，$_{92}U^{235}$ 這個同位素前面的數目 92 就顯得多餘了，但是在這個反應式中 92 仍然呈現出來，是另有意義的。

第三項 $_{92}U^{236}$ 在這裡表達了一個合成的狀態，即由一個中子與 $_{92}U^{235}$ 組成的合成狀態，這個狀態形成以後，其中有 82% 的 $_{92}U^{236}$ 會再繼續進行核分裂，而其他 18% 的 $_{92}U^{236}$ 仍保持在這個狀態中不再有後續變化，$_{92}U^{236}$ 就是最終產物。但若有 82% 的 $_{92}U^{236}$ 繼續進行後續的核子反應，上面的核子反應式的右邊的四項就是這 82% 繼續反應後產生核分裂後的產物。

右邊四項的第一項是 $_{56}Ba^{144}$，Ba 這個元素的英文全名是 Barium，中文名是鋇，它的質子數是 56，它有許多同位素，$_{56}Ba^{144}$ 是一個原子數為 144 的同位素，屬於鋇元素許多同位素中的一個同位素。

右邊四項的第二項是 $_{36}Kr^{89}$，Kr 這個元素的英文全名是 Krypton，中文名是氪，它的質子數是 36，它有許多同位素，$_{36}Kr^{89}$ 是一個原子數為 89 的同位素，屬於氪元素許多同位素中的一個同位素。

第三項表示 3 個中子，n^1 是指一個單一的中子。

最後一項是 177MeV，意思就是有 177 百萬電子伏特的能量釋出，M 是 Mega 或 Million 的縮寫，都是百萬的意思，e 是電子 Electron 的縮寫，常用小寫，V 是伏特 Volt 的縮寫，在此常用大寫，eV 就是電子伏特，是能量的單位，177MeV 的能量就是 1.77 億電子伏特。

前面有提到，化學反應往往都是以電子做媒介，而且每個化學反應所涉及的能量大約都是幾個單位的電子伏特，這裡所顯示的核分裂核子反應，都是以中子為媒介，開始有一個中子，反應後產生了 3 個中子，而且釋放出的能量層級，是一個化學反應是一億倍左右。

2.1.16 原子數守恆

這個核分裂的核子反應式，代表許多物理概念，這裡會闡述兩個比較重要的概念。

任何核子反應前，所有同位素質子數的總和，必須與核子反應後，所有產生的同位素質子數總和相同。任何核子反應前，所有同位素原子數的總和，必須與核子反應後，所有產生的同位素原子數總和相同。

再以上面的核分裂核子反應式為例，反應前的兩個同位素，其原子數各為 1 與 235，所以反應前的原子總數是 236，反應後的同位素原子數，它們的原子數各為 144、89 與 1，所以反應後的總原子數是 $144 + 89 + 3 \times 1 = 236$。

再來檢查一下質子數，中子的質子數是零，所以 n^1 代表的一顆中子不含有質子，而 $_{92}U^{235}$ 的鈾同位素，其質子數是 92，因此這個核分裂的核子反應前，質子總數是 92，核子反應後產生的兩個同位素是 $_{56}Ba^{144}$ 與 $_{36}Kr^{89}$，它們兩個的質子數分別是 56 與 36，所以核子反應後的質子總數是 92。

2.1.17 核分裂核子反應有哪些

另外還有一個重要的核分裂概念，上面舉了兩個核分裂的核子反應例

子，第一個例子顯示出核分裂物是 $_{56}Ba^{144}$ 與 $_{36}Kr^{89}$，加上 3 個中子，第二個例子所顯示的核分裂物是 $_{55}Cs^{137}$ 與 $_{37}Rb^{95}$，加上 4 個中子。現在的問題是有沒有第三個例子或第四個例子呢？答案是有，而且多的是。

　　核分裂的核子反應的種類有千百個，中子與 $_{92}U^{235}$ 產生核分裂反應後，所產生的各種核分裂物可以用圖 2.4 來表達。圖 2.4 的橫座標軸是分裂物的原子數，縱座標軸是針對任何一個同位素的相對產量，這個圖表達了幾個意義：1. 一個核分裂的核子反應，可能產生的各式各樣的同位素有很多；2. 所產生同位素的相對產量可以用圖中的曲線來顯示，產量用總產量的百分比（％）來表達；3. 不論核燃料是什麼，是 U^{235}，Pu^{239}，或者是不常用但是也可以當作核燃料的 U^{233}（唸成鈾二三三），一旦與中子產生了核分裂的核子反應後，所產生的分裂物相對產量都呈現了相似的曲線，這幾個曲線就是大家所熟悉的駝背雙峰曲線，清楚地標明各種核分裂產物與其產量。

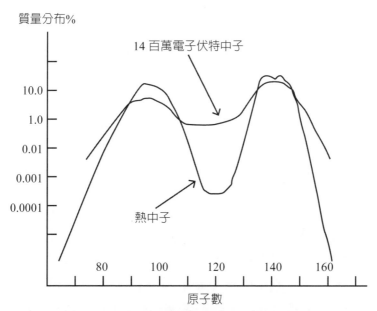

圖2.4　鈾235核分裂產生分裂物之質量分布

2.1.18 核能哪裡來

前面列出的幾個核分裂的核子反應式，它們的最後一項都是由這些核分裂所釋放出來的能量，那麼這些可觀的能量是從哪裡來的呢？答案就是這些可觀能量主要的來源，是依據愛因斯坦的質能轉換 $E=MC^2$ 的這個公式而來的。

現在用第一個核分裂的核子反應式當作例子，套用質能轉換的公式來計算這個核分裂會造成多少質量消失，根據消失的質量來驗證質量轉換成能量，到底會轉換成多少能量。

開始計算之前，先說明一下計算的步驟，與每一個步驟所牽涉到的數字，與數字的意義或來源。第一個步驟是先算出核分裂之前所有質量之總和，再算出核分裂後所有質量的總和，這兩個數字的差異，就是質量消失的多寡，再用 $E = MC^2$ 這公式，套入消失的質量 M，來算算看能量 E 是多少。

先介紹一下在核子物理常用的質量單位。眾所皆知一個質量常用單位是 g，即公克。但是在核子物理常用的單位是 amu，即 Atomic Mass Unit，或原子質量單位，一個 amu 等於 1.6606×10^{-24}g。下列是幾個粒子的質量。

質子：1.007277amu

中子：1.008665amu

電子：1.000548597amu

$_{92}U^{235}$：235.0439299amu

$_{56}Ba^{144}$：143.922952853amu

$_{36}Kr^{89}$：88.917630581amu

上面各種粒子與原子的質量都能測量出來。這裡要提一下，$_{92}U^{235}$ 這個同位素的原子數是 235，但是這個同位素的質量卻是 235.0439299 amu，235 是這個同位素內中子的數目與質子的數目加起來的總數，必定

是整數，與測量出的質量，兩者意義不同。若要歸根究柢，弄清楚這個兩個數目會扯出什麼關係，就必須往深處再探討，牽涉到原子核內中子與質子兩者之間，聚集在一起的束縛能。這部分在本書內暫時不討論。

核分裂前的兩項物質，其質量分別是 1.008664 與 235.0439299，總和是 236.0525939。核分裂後的三項物質的質量分別是 143.922952853、88.917630581 與 3×1.008664，其總和是 235.8665754。反應前與反應後的質量相差值，意味著這個核分裂的核子反應促成質量消失了 0.18601852amu。

為方便計算，在此直接用一個已經成立的質量轉換成能量的換算單位，一個 amu 的質量相當於 931.494MeV 的能量。這個換算單位乘以上面算出來，因核分裂而消失的質量，所得出的能量是 173MeV。

這個數字與前面所列出的核分裂反應式最後一項釋出的能量值 177MeV，有一點點差異。這個差異是出於兩、三個考量：$_{92}U^{235}$ 原子核內原來有它自己的束縛能，核分裂後產生了兩個同位素，每個同位素原子核內又各自有不同的束縛能，諸束縛能之間的差異也扮演了能量被吸引或釋放的作用，而造成總釋出能量上的差異；另一個考量是陪伴著核分裂還有輻射的產生，意味著這種現象也會造成能量釋出量在其總量上造成差異。所以用愛因斯坦質能轉換公式計算核分裂後，根據質量消失的數量可以算出絕大部分的釋出能量，但仍有少量的能量是出於其他的核力作用，而這個計算的主要目的是要展示質能轉換作用在核分裂上，是扮演能量釋放的主角。

2.1.19 核分裂的效率

再用上面的例子來介紹另外一個概念，是有關於質能轉換效率的概念。愛因斯坦推出質能轉換的概念與公式 $E = MC^2$，這個概念只是物質基

本上可以當作能量看待，但是在執行上或工程上，質量可以實際上換成能量到什麼地步呢？現在來探討一下。

先把上面的例子拿來針對這個話題檢查一下。原來的鈾 $_{92}U^{235}$ 用來做為核分裂的能源原料，在核子反應前，它的質量是 235.0439299amu，經過核分裂之後，它的質量少了 0.18601582amu，把這個數字除以鈾原來的質量，得 0.00079，或者是 0.079%。這意味著一個核分裂的核子反應把一個鈾原子的質量在轉換成能量時，只有 0.079% 的效率，這不是一個很高的效率，但是在工程執行上也沒有其他已知的更好的方法。後面章節將探討核融合的核子反應，是另一個質能轉換的形式，在質量轉換成能量的效率上會不會更好呢？或者有效率到什麼程度？目前核分裂與核融合是唯一知道質能轉換的兩種方式，還有沒有其他不同或更有效率的方法，是一個值得探討的話題。

2.1.20 快中子慢中子

在核子反應器中，每個角落都有中子向四面八方飛揚，中子的速度有高速的快中子，也有低速的慢中子，在這裡要討論快中子與慢中子這個話題，是因為這兩者分別扮演了不同卻又相同重要的角色，在各種不同發電用的核反應器內，與消滅核廢料用的核反應器內，各自發揮了不同的功能。在這裡簡單地介紹一些有關快中子與慢中子方面的核反應器物理，有助於理解後面章節介紹的一些新型核反應器，與消滅核廢料專用的加速器驅動次臨界核反應爐。

一個中子一旦與核燃料同位素產生核分裂反應時，所再產生的中子大部分以快中子居多，這是一種特質，真正原因涉及深層的核子物理，在此暫時不多討論。所要討論的是快中子產生了以後會有什麼作用，與工程師如何處置它，及為什麼要處置它。

一個中子與核燃料同位素發生核分裂後，產生兩個或三個核分裂的同位素之外，也產生了數個中子，在許多核燃料原子核同時發生了一連串的核分裂反應之後，產生許許多多的中子，這些中子的能量也有一個分布範圍，它們平均的能量大約在 2MeV 左右，這個數字的意義是有這樣能量的中子都是快中子。

2.1.21 快中子的好處

核分裂產生出了很多中子，而且其中大多數都是快中子，快中子有很多好處，這裡會介紹快中子在核能工程領域的三大好處。

第一個快中子的好處是它很容易與核燃料同位素如 $_{92}U^{235}$ 與 $_{94}Pu^{239}$ 產生核分裂的核子反應，除了產生出大量的能源之外，核分裂也繼而產生了更多的快中子，這樣繼往開來周而復始，非常容易保持核分裂所帶動的連鎖反應，在核能發電的設計中，這是一個重要的考量。

第二個好處是快中子有一種滋生的能力，這個能力可以一面消耗核燃料又另一面生產核燃料，原因是使用 $_{92}U^{235}$ 當做原料時，與 $_{92}U^{235}$ 混製一起的另一種同位素是 $_{92}U^{238}$，$_{92}U^{238}$ 與快中子不會發生核分裂的核子反應，而會發生核滋生的核子反應，也就是一個快中子與 $_{92}U^{238}$ 作用後能產生 $_{94}Pu^{239}$，而 $_{94}Pu^{239}$ 是另外一個核燃料的同位素。因此在快中子眾多的核反應器內，多放一點自然界蘊藏可觀的 $_{92}U^{238}$，雖然它不像核燃料一樣會發生核分裂的核子反應，但是它遇到快中子會發生核滋生的核子反應，就能生產出可以當作核燃料的 $_{94}Pu^{239}$，下一代新設計的核子反應器就有一種快中子滋生爐，它的名稱就是由此而來的。

第三個好處是快中子可以消除核廢料。核分裂的核子反應除了會產生核分裂物與大量的能量之外，也會另外產生一部分的高階核廢料，所謂的高階核廢料是指這些產物中，有許多具有高度放射性的同位素，而且它們

的半衰期或壽命都很長，如何處理是目前核電中最棘手的問題。

這些高階核廢料都是在週期表中，錒系元素系列中的許多同位素，這許多高階核廢料的同位素有一個共同點，那就它們很容易與快中子再度發生一些核子反應，把這些高階核廢料同位素變成其他的同位素，而不再具有高度放射性，所以刻意在核反應器中製造出過多的快中子，常常成為一種設計核反應器的要件或要求。在後面幾章內，這個話題會被詳細說明，在第六章的核廢料處理裡，會討論快中子在處理核廢料設計上的原理與特殊性，在第三章的下一代核反應器的討論裡，也會在這個題目有更深一層的解說。

2.1.22 快中子的壞處

因為快中子的能量很大，又容易與很多的元素產生核子反應，產生的核反應基本上改變了反應元素的本質，而使之變成其他元素，在核反應器的一些結構材料也會產生違反原意的改變，這就造成了材料上的損耗或損壞，使得以快中子為主題的核反應器壽命受到限制，世界上幾個實驗型，以快中子滋生為主的新式核反應器，都提前結束它們的任務，其中主要原因就是材料因為快中子導致的損壞。

2.1.23 慢中子的作用

現在世界上大部分商轉核電廠的核反應器，都是以慢中子為主要媒介進行核分裂而產生所需的核能，但是上面的討論已經明白敘述了核分裂的核子反應，在成形的連鎖反應中，產生的中子都快中子，那麼慢中子是從來裡來呢？又為什麼要依賴慢中子呢？這兩個問題反應出另一個很重要，

也很實用的核反應器物理上的概念。

目前所提到的核燃料是 $_{92}U^{235}$ 與 $_{94}Pu^{239}$，兩者都很容易與快中子產生核分裂的核子反應，進行核能能源的生產，也同時產生可以延續連鎖反應的快中子，但是 $_{92}U^{235}$ 另外有一個與 $_{94}Pu^{239}$ 截然不同的特點，就是 $_{92}U^{235}$ 除了容易與快中子產生核分裂的核子反應之外，也很容易與慢中子產生可觀數量的核分裂核子反應，同樣也能釋出大量核能與快中子。於是如何製造出慢中子也成了設計核反應器的一項專題。

慢中子無法憑空出現，也無從依靠任何核子反應生產出來，而是要靠快中子的減速使之變成慢中子，在核能工程設計上有一個很有效的方法，使快中子減速變成慢中子，就是用水做為緩衝劑，使快中子減速。緩衝劑的意思就是減速劑，緩衝這個用詞是根據核子工程上原文 Moderator 直接翻譯，但是，這並不是一個很到位的翻譯。

水是一個很有效的減速劑，正好，在現在大部分商轉的核電廠內，核反應器也用水當做冷卻劑，一則可以用來冷卻核燃料棒，防止它們溫度過高，又可以把核能的熱量帶走，帶走的熱能可以直接或間接把水變成水蒸氣推動渦輪，驅動發電機發電。

在核反應器內，冷卻水被導入於許多核燃料棒之間，在又細又長的、直徑約 1 公分、長約 4 公尺、五萬支左右的核燃料棒之間，進行冷卻之際，同時也受四面八方從核燃料棒產生出的快中子碰撞，這些快中子穿透核燃料棒的金屬殼，進入水中，高速的快中子撞上了水分子內的氫原子，很快的就失速，減去不少動能，經過許多次與氫原子的碰撞，快中子終會減速成了慢中子，於是核反應器內各處都充滿了快中子與慢中子。

當然在核反應器內，在不同的角落，不同的位置，快中子與慢中子數目的分布都不一樣，而且用中子所負有能量的角度來看，中子的能量不能只用快中子或慢中子來區分，中子能量的分布既廣大又複雜，需要核能工程內的核反應器物理專題來進行複雜（但頗引人入勝）的計算與分析，才能掌握任何一位置任一能量的中子數量之分布。

　　世界上以慢中子為主的核能電廠占了八成以上，也有近六十年的歷史，這表示以慢中子為主的核分裂設計其科技已經漸成熟，而成為核能發電的主流。以快中子為主的下一代核能發電的設計，仍然在研究發展與實驗的階段，由於它有多方面的效果與經濟誘因，仍然有些先進國家繼續進行這方面的努力。

核融合

目前科學上所知質量轉換成能量的方式只有兩種，即核分裂與核融合，核分裂是由 $_{92}U^{235}$ 或 $_{94}Pu^{239}$ 與中子產生核子反應，$_{92}U^{235}$ 或 $_{94}Pu^{239}$ 被分裂成兩個到三個小一點的元素，而釋放出巨大的能量，這時若比較核子反應前與核子反應後的總質量，會發現質量會少了一點點，這一點點少了的質量 M，套進愛因斯坦質能轉換公式 $E=MC^2$，計算所得的能量值正是核分裂所釋出的能量。

核融合的核子反應與核分裂一樣的地方是，若比較核子反應前與核子反應後的總質量，也會發現質量少了一點點，這一點點少了的質量，同樣根據愛因斯坦質能轉換公式計算所得的能量值，正是核融合所釋出的能量，唯一不同的是核分裂是使一顆大的原子核分裂成兩個或三個小原子核，而核融合是把兩個小的原子核壓在一起，融合成一個大的原子核。

2.2.1 核融合的核反應

氫原子是所有元素同最小的元素，它只有一個質子在原子核裡，氫原子沒有核融合的能力或本質，但是它的同位素氘卻有核融合的特質。下面所列出的就是一個核融合的核子反應，它是由兩個氘原子核壓縮在一起（氘這個字唸刀），融合成了一個同位素氚（氚這個字唸川）原子核，再加上一個氫原子核的產生，同時釋放出 4.03MeV 的能量。這個反應式的第一項與第二項相同，都代表一個氘同位素原子核，第三項是氚同位素原子核。

$$_1H^2 + {}_1H^2 \rightarrow {}_1H^3 + {}_1H^1 + 4.03 \text{ MeV}$$

第二個常見的核融合的核子反應用的原料是氘與氚，反應式如下：

$$_1H^2 + {}_1H^3 \rightarrow {}_2He^4 + n^1 + 17.6 \text{ MeV}$$

第二個核融合的核反應並不是科學上或工程執行上的首選，原因是式中的第二項，也是兩項原料之一是氚，這是一個具有輻射的同位素，而且它的來源並不像氘——既不具輻射性，又可以從海水中提煉出來——氚必須要有另外的機制來生產。

但是，上述兩個核融合的核子反應式中，後者，也就是用氘與氚做原料的核子反應是相對優先的選擇，原因是前者的核子反應不容易形成，換言之，用氘與氚當原料，比用兩個氘原子核當原料，更容易形成核融合。也因為目前科學家還未能在實驗室裡達到以核融合為能源的條件，也尚未能複製成太陽融合的狀態，科學家就選擇比較容易實現核融合的組合，而注重在後者核子反應的實踐。

2.2.2 核融合的吸引力

上面這個核融合的核子反應有一個優勢也有一個劣勢，優勢是氘在世界上蘊藏量相當豐盛，豐盛的原因是氘是氫的同位素，英文符號是 D，取原文 Deuterium 的簡稱，而氫原子在這個世界上的存在都以水分子呈現，即常見的 H_2O。在海水裡面滿滿的 H_2O，其中有 0.0156% 是 D_2O，也就是說，海水裡面有 0.0156% 的氘可以用來當做核融合的原料。有如此豐盛的原料做為核融合的後盾，深深吸引了科學家幾十年來在這方面的不停努力。

核融合的第二個優勢是它不會產生高階核廢料，所以不必在輻射防護與核廢料處理上，花費太多成本來設計它的處置方法與防範輻射對人體健康的損害。這是一個很重要的考量，在核能發電的選項中，會使得核融合更具吸引力，但是仍需注意的是核融合的衍生物是 $_1H^3$ 氚，是一個具有少量放射性的同位素，對它的防護仍需要注意。如果核融合的選擇是依據上面所舉的第二個核反應的選項，因為原料涉及 $_1H^3$ 氚，也需要有多一點防護的考量。

2.2.3 目前面臨的難題

這個核反應也有一個劣勢，就是這個融合核反應不容易啟動，因為啟動需要頗高的能量，把二個氚原子壓緊靠近，使之產生核融合，若用了太多的能量來啟動，啟動以後，再加上又釋出能量，很難駕馭整個過程，科學家們目前仍然無法達到技術上的需求，很多國家也仍在積極努力做這方面的研究。

太陽的能量出自不斷的核融合反應，由於太陽裡藏著巨量的氚原子核，而氚原子核的融合產生大量能量，早已使太陽擁有著大量的能量，所以沒有啟動上的困難，一旦核子反應開始，就可以維持著核融合的進行。太陽釋放了大量能量，這種情況無法，也沒有必要去控制它。但是這樣的核反應若在地球上應用，在技術上必須能夠即時又隨時，具有能收能放的控制功能，讓核融合在核反應器內做到可以被隨意調節至所需的能量，與能夠達到能源綿綿釋出的穩定流量。

2.2.4 現況

現在世界各國在核融合的研究發展上，到目前為止，各地實驗室的進度也都只能做到一次性的核融合實驗，每次實驗達到核融合的時間很短，能量產生的程度也低，尚未達到能量可以連續釋出的程度，離工程實際可以採用的階段尚有距離。但由於這種核反應的原料供應充裕，又沒有高階核廢料的問題，涉及的結構材料開始使用後，產生的輻射性也低，這許多的優點，使廣大的民眾對核融合抱以很大的期望。

2.2.5 核融合的效率

核融合與核分裂，這兩種核子反應都有一個共同特點，就是它們反應前後的質量做一對比之下，可以看出來有小部分質量消失了，消失的質量轉換成能量，就是核能的來源。以氘與氘為燃料的核融合反應，核融合前後消失的質量可以依照下面公式算出。

反應前二個氘原子核的質量，減去反應後產物原子核質量的總和，等於 (2.014102amu×2) − (3.0160492amu + 1.007276466621amu) = 0004878334amu，這個數字就是每個氘與氘所融合核反應消失的質量，反應前原來兩個氘原子核的總質量是 (2.014102amu×2) = 4.028204amu，這兩個數字相除 0.004878334/4.028204 = 0001211，所以每次這樣的融合核子反應後，有 0.12% 的質量轉換成能量，這 0.12% 被視為這類核反應質能轉換的效率。

上面這個計算是針對氘與氘原子核融合的核反應，下面再把同樣的計算加諸於氘與氚的融合核子反應，來檢視一下它的效率。反應前後總質量相差為 (2.014103 + 3.0160492) − (4.002602 + 1.007276466621) = 0.020272734amu 這個核反應的效率是 0.020272734amu/5.0301512amu =

0.4%。

　　比較這兩個計算，結論是氘與氚的核融合比氘與氘之核融合更有效率，若再與 2.1.19 節所計算出來的核分裂效率等於 0.079% 來比較，核融合的效率又要比核分裂的效率高。

核反應器物理

　　臨界這個物理概念很少在其他學科出現，而這個概念是核能工程裡相當重要的概念，也是這本書所談的許多議題的基礎，了解這些相關的概念，會比較容易接受這些議題，例如核燃料的條件、消除核廢料的方法、摒除核武原料的方式等等。

　　但若要完整的了解「臨界」的物理概念與它在工程設計上的應用，必須涉及很深層又繁瑣的物理數學與陌生的物理概念，也牽扯到平日生活中不會涉獵的一些有關核子反應的物理特性，這些都超出本書的範圍。為了能夠有效地闡明「臨界」這個概念，而且不用到物理數學，而只用一般用的詞句來解說，在這個章節裡，用了三個故事，分別被設計用來解釋臨界、超臨界、次臨界這三個概念。

2.3.1 臨界

　　每個人家裡的瓦斯爐就是一個很好的例子，它可以用來描述「臨界」這兩個字所代表的物理現象。說穿了，臨界的意義就是連鎖反應的一切條件都完全具備了，連鎖反應這個名詞是指核子反應的物理現象，瓦斯爐上的火焰是一種連續性的化學反應，與核子連鎖反應很相似。

　　瓦斯爐點燃有三個元素必須同時存在：1. 瓦斯氣體或煤氣，2. 空氣中的氧氣，3. 火星或者是火星帶來的溫度。當瓦斯開關打開時，由瓦斯管送出瓦斯或煤氣，同時有點火用的火星，或火柴用來點燃，於是瓦斯就與空氣中的氧氣產生了燃燒，或者可以看成是化學反應的氧化現象。

　　在火焰所占有的空間裡，瓦斯燒完後，下端的瓦斯出口又有瓦斯繼續

向上湧出，加上正在燃燒的火焰，與火焰四周空氣中的氧氣，三者又符合了燃燒的條件，或是符合了氧化持續的化學反應，這就是瓦斯爐的連續化學反應，這個情形也可以看成一種連鎖反應。

　　如果要停止這個化學反應的連續性，把這三者之一的要件移走或消滅，就可以使燃燒停止。譬如關閉瓦斯管，瓦斯不再供應，等於移走其中一個要件瓦斯氣體，就可以使燃燒中斷。或者一陣大風吹滅了火焰，也能使燃燒停止，當在戶外用瓦斯爐烤，大風吹滅火焰是會發生的。把第三個要件移走也有同樣的效果，用一個很大的鍋子，若能全部蓋住火焰，就可以阻止氧氣的供應而熄火。

　　在核子反應器或核子反應爐內的連鎖反應，其主要原料，可以是 $_{92}U^{235}$（鈾二三五）或者是 $_{94}Pu^{239}$（鈽二三九），核子的連鎖反應也需要三個要件同時存在，一有足夠的燃料，二有足夠的中子滿布於燃料內外與附近，三燃料放置的位置需要都一起在附近，或靠近置放。

　　核子連鎖反應與連續的化學反應很相似，核子反應可以參考「下列公式」的這個核子反應式，式子的左邊代表著一個中子與一個核燃料原子核產生核分裂的核子反應，式子的右邊是反應後的產物，產物中又有中子生出，這個中子又可以繼續與另一個燃料原子核產生下一個核分裂的核子反應，如此延續不斷，就是所謂的連鎖反應。

$$n^1 + {}_{92}U^{235} \rightarrow {}_{56}Ba^{144} + {}_{36}Kr^{89} + 3n^1 + 177 \text{ MeV}$$

　　核子連鎖反應與化學連續反應有一點不同，分兩部分來說明，先說第一部分。核子的分裂反應必須要把所有參與連鎖反應的燃料同位素，全部同時放在一起，每次點燃時都是全體同位素同時一起參與，這與瓦斯參與化學反應的情況不同，在瓦斯爐上，只有參與燃燒的少量瓦斯從瓦斯管湧出，從事燃燒而被燒盡，燒盡後，新瓦斯再由瓦斯管送出至爐中，使瓦斯爐內的燃燒得以持續不斷。

　　第二部分所不同是，第一個核燃料原子核與中子產生了核分裂反應之後，再產生的中子被用在下一個核分裂反應時，下一個核分裂的同位素原子核，可能就在隔壁，也可能在幾公分距離之外，而往往幾公分之外的原子核，會是下一個核分裂核子反應的地點，這是因為再生的中子多是快中子，快中子有可觀的衝速，把它想成易動兒，得費點周章，才能制服它的行動，使它再被下一個在附近的燃料原子核捕捉到，而再進行下一個核分裂反應。

　　現在開始涉及到一個極其重要的概念，是核子反應器物理中最重要的一個概念。核分裂的連鎖反應需仰賴著第二個中子，在它產出之後，能如期順利地被下個核燃料原子核所捕獲，再進行第二次的核分裂反應，但是，如果這許多的核燃料原子核，被安排在太分散的位置，或者這核燃料原子核的總量不足，第二個中子就比較有機會完全逃離現場，沒有參與任何一個核分裂的核子反應，這個逃逸的中子一旦離家了就永去不回，一個連鎖反應就此中斷，「臨界」的條件就會不足，也就是說這樣子的核反應器或核反應爐（有的國家稱之核反應堆）就無法進行連鎖反應。

　　於是，一個重要的核子反應器物理的概念，是核燃料必須要足量，而且核燃料需集中安置，才能維持其連鎖反應的能力，而達到「臨界」的條件。結論是，核燃料的「足量」與「集中」是達到「臨界」的兩大要件。

　　再多敘述一點「足量」與「集中」這兩這個有關核燃料的概念，因為它們與「臨界」有密切的關係。再者「臨界」這概念的產生，是針對核分裂的核子反應而來的，化學反應的連續性就不需要這個概念，原因是化學反應的原料不需把所有的原料全部一次集中在一起就可以維持瓦斯爐上綿綿不斷的燃燒，上層的瓦斯燒完了，瓦斯再由下面的瓦斯管送進來，保持連續化學反應的另一個要素氧氣，就在旁邊而且來源充沛，所以瓦斯爐的設計就沒有臨界的考量。

　　核分裂所需的中子須自給自足，才能保持核分裂核子反應的持續性，先是由一個中子與一個核原料的原子核產生了核分裂反應後，再產生

出第二個中子，第二個中子需馬上用來進行下一個核分裂的核子反應，而且下一個核分裂的核子核一定是另外一個核燃料原子核，這與燒瓦斯時一直有充沛的氧氣在旁的情形不一樣。因為氧氣是第三個獨立存在的化學反應要素，但是核分裂所需的中子並不獨立存在，而是依靠前面一個核分裂反應才生產出來的，所以所有核分裂原子核需全體同時同地參與，需要全體核燃料共同放置在一起，要全體的核燃料原子核，共同、同時、全體的參與核分裂核子反應，以便共用共有的中子，也可以防止發生中子有漏網之魚，逃逸出核反應爐的情形。「足量」與「集中」燃燒原子核的必要性，就是針對上面所敘述的核分裂的物理現象。

核燃料需要有「足量」又「集中」的兩大條件來達成臨界，也可以由另一個簡單的幾何的概念來詮釋。

把核燃料試想成一個球，球體內全是核燃料原子核，譬如說全是純 $_{92}U^{235}$ 原子核，當它達到臨界時，球體內充滿了中子，不斷有核分裂核子反應產生，許多中子因為被用在核分裂反應而消失，也有因為核分裂的反應又生產出許多中子，當然也會有許多中子從表面逸出，但是如果連鎖反應持續進行，在這個球體內會有一定數量的中子分布在這個球體內。

也就是說，產生出來的中子與逸出的中子達到一個平衡點，產生的中子數量用一個簡單化的觀念而看，是與這個球體的體積成比例，而逸出的中子數目與球體的表面積成比例。球體的體積與其半徑的三次方成正比，而球體的表面積與半徑的平方成正比，這意味著，半徑愈大就有愈大的機會，球體內的中子數目大於由球體表面逸出的中子數目，半徑一直增大，大到一個程度，或者達到一個數值，球體內產生的中子數目就與由表面逸出的中子數目達到平衡，達到了平衡，連鎖反應就能持續，臨界就形成了。這時，這個半徑值就是臨界半徑，根據這個半徑算出來的體積，就是臨界體積，再根據已知的核燃料密度，就可以算出質量，這就是臨界質量。

這裡所用的例子是極度簡化的，目的是希望能夠清楚、迅速、簡

單，又有效率地解說臨界這個概念，而實際上在核能工程專業的領域裡會涉及一個很複雜、深邃又極度有趣的方程式，用來計算出臨界質量。這個方程式名為波茲曼中子運動方程式，又涉及核燃料同位素對中子反應的各種特性，稱為反應截面積，所有的物質特性常數，加上核子反應爐內核燃料位置安排的幾何資料全部用上，就可以解出這個中子運動方程式，繼而算出各種程度能量的中子在核子反應爐內每一個角落的分布，也算出最終的臨界質量。這一切的計算都與實驗值吻合，也已經成為實際設計上用的工具了。

當純 $_{92}U^{235}$ 做為核燃料時，它的臨界質量是 52 公斤，相當於 17 公分的臨界直徑，當純 $_{94}Pu^{238}$ 做成核燃料時，它的臨界質量是 10 公斤，相當於 10 公分左右的臨界直徑。這兩個核燃料的臨界質量也會在其他章節被引用，第六章與第七章談論到核廢料與核武擴散時，涉及到原料與數量都會被列出，再討論它們代表的意義。

2.3.2 超臨界

描述核分裂反應的超臨界物理現象，可用一個化學反應的例子來解說，所涉獵的物理現象會由這個例子來闡述得逼真又容易了解。

瓦斯爐的開關如果沒有關緊，而瓦斯爐上又沒有火苗，瓦斯外洩一段時間後，室內容易充滿了瓦斯，這時，如果在瓦氣體籠罩的範圍內，突然出現了一點火花，就會引起瓦斯爆炸，這種爆炸威力很大，往往造成可觀的建築損害與人員的重大傷亡。

瓦斯爆炸是一種快速的化學反應，因為它有重大破壞力，而且形成爆炸的元素，可被看成一種物理現象。當室內充滿了瓦斯時，一點點的火花或火苗，就會點燃緊鄰火苗附近的瓦斯化學分子，引發它們的急速燃燒，也就是急速的氧化反應，這個反應產生了熱量，而熱量以火焰形式呈現，

就引起再稍遠一點的、隔壁的或鄰近的瓦斯化學分子也發生快速燃燒，這個現象可以看成以火苗為中心，形成一個燃燒波向四方八方急速擴散，使所有存在同一空間的瓦斯都引發燃燒，因為速度快，使得在同一空間所有瓦斯的燃燒，看起來好像是發生在一瞬間或同時。燃燒的化學反應產生大幅度的熱量，而且產生的二氧化碳迅速地膨脹，兩者互相助長而形成壓力波或爆炸，室內空間的體積若不堪容納此快速膨脹的氣體，也會因此更加強了爆炸的幅度，造成了建築的爆裂。

瓦斯爆炸的兩大要素是瓦斯的足量與集中。如果瓦斯爐的瓦斯漏氣，被及時發現而關閉了瓦斯的來源，散布在空中的瓦斯尚未累積足夠的份量就不會爆炸，在這種瓦斯量不足的情況時，一個火苗的出現會引發在空中一團火焰的發生，而沒有達到爆炸的效果，所以瓦斯爆炸的第一個條件是在空中散布的瓦斯量必須足量。

瓦斯爆炸的第二個條件是這些足量的瓦斯必須連在一起，形成一個連續的體積，而不是被分開成兩、三個或數個體積較小的瓦斯泡，所以這個條件的定義就是集中。試想，如果室內已經累積了足量的瓦斯，但是由於良好的通風，使得一個體積龐大的連續體，被吹開而分開成許多體積小又不連在一起的瓦斯泡，單一的瓦斯泡可能體積小不足量去引起爆炸，這種情況很有可能發生在每一個單一的瓦斯泡身上，若單一的瓦斯體遇到火花，會一一分別、分開地，各自驟然形成獨立的一團火焰，而沒有形成爆炸，於是劇烈的大爆炸就不會發生，取而代之的是，數個規模較小的一團火焰。這個現象的敘述是說明瓦斯爆炸的第二個條件是集中，即使有足量的瓦斯，也必須集中，才能引起爆炸。

上面描述了瓦斯爆炸所必須的兩大要件是瓦斯氣體的足量與集中，這也是核武爆炸的條件，在前一個章節，2.3.1 臨界，討論臨界時，臨界所需的兩個條件也與超臨界的兩個條件相同，因為兩者所涉及的物理現象幾乎完全相同，唯一不同的地方是多了一個要件——控制，才能使涉及的化學反應或核子反應保持在臨界狀態，而不會進入超臨界。

2.3.3 臨界與超臨界的分別

　　瓦斯爐打開了開關，瓦斯由瓦斯管升出，由火苗點著後燃燒，整個過程是在控管之下，這是臨界的狀態，而瓦斯漏氣的情形是一種沒有控管的狀態，這個差別，是超臨界與臨界的分野。

　　核子反應器內，有著足夠的核燃料，因為核分裂的核子反應需要有足量的中子分布在核反應器內，才能達到臨界狀態而使連鎖反應得以持續，同時核反應器的設計裡包括了控制棒，可以控制中子量。控制棒是用專門可以大幅吸收中子的材料製造的，控制棒有能力可以完全吸收全部中子，而使得連鎖反應中止，促使核子反應器關機，如果控制棒緩緩抽出，使得連鎖反應增長，達到預定的發電量，這樣的控制，就可以控制了核子反應器的臨界條件，使之一直保持在臨界狀態，不會造成失控地進入超臨界狀態。

2.3.4 次臨界

　　這裡再用瓦斯爐來描述次臨界狀態與所涉及的物理現象。先簡單複習一下臨界的條件，或者瓦斯在爐上的燃燒，為了保持它的持續性而必須具備的三個條件：1. 瓦斯由管中綿綿送出，2. 火焰或火花，3. 四周的氧氣。試想，一個戶外烤肉的景象，為了在戶外烤肉，就用了一個攜帶型的瓦斯爐，當然瓦斯的供應是用一個小瓦斯罐置入爐裡，瓦斯就無虞的連續供應。於是三個需要的條件都同時存在了，一個連續性的化學反應就可以在瓦斯爐上進行了。

　　可是，天有不測風雲，烤肉時刮起大風，把火焰吹滅了，當然，烤肉的主人，就再用攜帶式瓦斯爐上的打火裝置，再打出火花，又引燃瓦斯，於是火焰又生出了，瓦斯得以繼續燃燒，瓦斯爐上的烤肉可以繼續進

行。但是那天的天氣特別糟，瓦斯爐上的火焰只持續了十秒鐘後，火焰又被大風吹滅，此時主人就用爐子的手動打火機繼續點火，希望能夠再產生火花，製造成火焰，使瓦斯的燃燒仍然可以繼續。主人的這個動作重複了許多次，因為他期望火焰再生，而烤肉可以繼續，而且他在事前有看過這個瓦斯爐的說明書，這個手動的打火機有它的壽命，可以用來點火 5,000 次，主人就繼續用手動打火機產生火苗，產生了暫時的火焰，但是火焰又被風吹滅。

主人一直重複這個動作，這樣的場景正是所謂的次臨界現象，這個化學反應的次臨界現象是基於三個臨界需要的要件，少了一件火苗，而燃燒的持續須藉外力來供應其中的一個要件，也就是說火苗的產生須靠外力不停的施力使之產生，一旦外力停止，這個化學反應就會中斷。

核分裂核子反應的次臨界現象，與上面所敘述的場景極為相似，這時，使核分裂的核子反應，如果其達到臨界所必須具備的要件不足，就無法保持連鎖反應。譬如，在前面兩個章節內闡述了核子分裂反應，需要「足量」與「集中」這兩個要件來達成「臨界」，使得分布在核子反應爐內的中子達標，而連鎖反應持續。如果這兩個條件，任何之一沒有達標而達不到臨界，則須藉外部不斷地供應中子進入核子反應器，使之產生核子分裂反應，如同瓦斯爐的主人須不斷的用手動的方式去操作手動打火機。一旦主人停止操作手動打火機，瓦斯爐就不再有火焰，瓦斯爐上的連續燃燒就中斷了，或者由外界供應的中子來源中斷了，核反應器內的分裂核反應就瞬間全部停止了。

戶外烤肉風大無法保持瓦斯爐的持續燃燒時，由主人的手動方式不停地啓動打火機，希望用一次次斷斷續續的火焰來完成烤肉，這個想法是不切實際的，原因是每次燃燒時段短暫，在燃燒時段所釋放的熱量不足，而且熱量分散不易集中，烤肉不容易成功。

但是這個情況應用在核分裂的核子反應上卻會成功，也就是說，藉由外界送中子進入核子反應爐來補充內部自產不足量的中子，就是所敘述的

次臨界的狀況，會不同於瓦斯爐熱量不足用在烤肉的問題。因為每一個核分裂的核子反應所釋放出來的核能是瓦斯燃燒每一個化學反應釋放化學能的一億倍，因此次臨界用在核反應爐內，仍然會產生足量的能量，而仍保有其實用的效果。

這裡有一個實際的例子說明一個次臨界核子反應爐，如何可以保有它的實用性。近年來許多國家正在發展「加速器驅動次臨界核子反應爐」。它的英文全名是 Accelerator Driven SubCritical Reactor，英文縮寫是 ADS。

加速器的應用是在這核子反應爐的外邊，用一個加速器，把質子（它帶有正電荷），加速加到很快的速度，成為一個高能量的粒子，引進到這個核子反應爐內近中心的位置，讓快速的質子與預置在中心的一些特殊材料發生碰撞反應，這樣的反應會產生出多量的中子，能夠在核子反應爐內部各處與核燃料發生核分裂反應，當然，所引發的核分裂反應也可以再產生出更多的中子，再繼續下一波的核分裂核子反應。

但是由於這個核子反應爐沒有具備前面所談到的「足量」與「集中」的兩個要件，促成「臨界」成立，就仍然不能使連鎖反應成形，而須靠著外界引進質子，由質子在核子反應爐內產生許多中子，來主導在爐內的核分裂反應，這樣仍然可以在爐內產生許許多多成千上萬的核分裂反應，只是這些反應並未形成自身的連鎖反應，而是靠外界中子來驅動，一旦外界中子來源停止或質子流量被切斷，則一切爐內所有的核分裂反應就驟然停止，所以這樣的設計被稱為「加速器驅動次臨界核子反應爐」。

這樣的設計仍然可以有淨值的能量生產出來，所以可以被視為一個自給自足用來發電的設計。原因是這樣的，這個核子反應爐雖然未達臨界的條件，但是由外界引入了中子，在核子反應爐產生了核分裂的諸多核子反應，釋放出來的能量仍然足夠用來發電，在發出的總電量中，只需取出 10% 用在維持加速器運轉，剩下 90% 的電量是加速器與原子反應爐兩者組合所能發電的淨值輸出，所以這樣的組合，一個「加速器驅動次臨界核

子反應爐」仍然有其實用性，這與瓦斯爐因為大風吹滅火花不能達成「臨界」狀態，而無法完成烤肉的情況，是完全不同的。

　　為什麼偏偏要大費周章，設計這樣的核反應爐，又不能達到臨界點，又要多找麻煩，加進了加速器，來完成這樣的組合呢？答案是，它有一個重要的任務，那就是這樣的組合是一個消除高階核廢料的一個組裝，它的主要目的是把核廢料在這裡用核子反應來「燒掉」，同時又可以發電。

　　這裡所描述的是次臨界核子反應爐，它沒有達到「臨界」的標準，是因為它沒有滿足到核燃料必須要「足量」的標準，核燃料沒有達到「足量」的標準是因為許多原來可以造成「足量」的核燃料被高階核廢料取代了，這些高階核廢料與中子產生的核子反應，可以使核廢料轉變成其他同位素，而達到消除核廢料的效果，但是這類的核子反應並不能再產生出中子，以供應下波核子反應所需的中子持續「連鎖」反應，因此這種核子反應爐的特色是，它會缺乏「足量」這個要件，無法形成「臨界」。

　　這個章節的討論是專注於解釋「次臨界」這個物理現象，在第六章內，會專門討論核廢料處理的方法與基本原則，對「加速器驅動次臨界核子反應爐」的設計基礎會有全面性的描述，也包括了與其他有消除核廢料功能的核子反應爐所做的比較，因為涉及一些工程設計的考量，討論的角度比較全面性。

3

章

核電廠技術簡介

核能電廠技術

世界各地現在共有六種不同類型的核能發電廠做商業運轉。表 3.1 呈現這六種類型，包括了它們的名稱、各類型的機組數目與發電量。表中也把已經運轉中機組數目與興建中的數目分開，以便對各類機組已有的現況與未來的展望，都能得到概念。

表3.1 世界各地六種不同類型的核能發電廠

核反應器型號	運行中機組數	發電量（百萬瓦）	籌備中機組數	發電量（百萬瓦）	機組總數	總發電量（百萬瓦）
壓水式	300	285,143.53	67	74,595.00	367	359,738.53
沸水式	65	66,516.40	4	5,259.00	69	71,766.40
重水壓水式	48	23,867.00	8	5,220.00	56	29,087.00
氣冷式	14	7,725.00	1	200.00	15	7,925.00
石墨緩衝式	13	9,283.00	0	0.0	13	9,283.00
液態金屬冷卻式	2	1,380.00	2	1,170.00	4	2,450.00
總計	442	393,914.93	82	86,335.00	524	480,249.93

核能發電的裝置都是以「機組」為基本單位做實質分類與統計之用，而很少涉及核能電廠數目，往往一個核電廠包括兩個機組，不同機組就常常隸屬同一個電廠，但是每一個機組是可以單獨存在的，每一個機組各有各的核子反應爐，可以各自獨立運轉發電，由於核電廠在興建時，為了工程計畫、運行管理與行政作業上的方便，常常在一個核電廠中包括了兩個或兩個以上的機組。

表 3.2 呈現世界各國核能發電總量的排序，有許多國家同時採用多種類型的核電機組，此表只呈現不分類型，所有類型發電量的總和。

表3.2　世界各國核能發電總量的排序

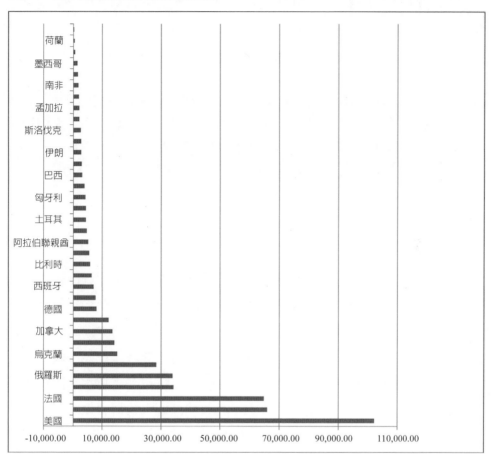

　　核電機組類型之有所不同涉及很多因素，如興建成本、歷史背景、運轉成本、電量要求、燃料來源、生產目標等等。在此有簡單扼要的描述，以核反應器物理為主要出發點，深入淺出地闡明這幾種不同類型機組的特色、所牽涉的物理現象，與主要組件的功能或設計之基礎。

3.1 快中子與慢中子

在 2.1.20 這個章節裡，談到了快中子與慢中子的物理特性與它們扮演的角色。在這裡會討論快中子與慢中子如何產生，也解說兩者與機組類型的關係。

$_{92}U^{235}$ 與 $_{94}Pu^{239}$ 兩個同位素是常用的核燃料，兩者有一個相同的特性，都能藉著快中子產生核分裂的核子反應，但兩者也有一個不同的特性，那就是 $_{92}U^{235}$ 除了能夠與快中子產生核分裂之外，又能夠與慢中子產生核分裂的核子反應，產生核能用來發電。

所以，若用 $_{92}U^{235}$ 為核燃料時，核子反應爐內需採用能夠使快中子減速的材料，使快中子減速變成慢中子，在核能專業裡，對此類材料用了一個專有名詞，叫「緩衝劑」。快中子撞上了緩衝劑會充分失速，有時會撞上多次才能達到有效果地失速，變成慢中子，常用的緩衝劑是一般的水，因為水裡面的氫原子很適合做緩衝劑；緩衝劑也可以採用重水，因為重水的成分是氘原子，而氘原子能使快中子有效地減速，也適合做緩衝劑；還有一種元素是碳原子，也被用來當作緩衝劑，碳原子的材料形式，常用在核子反應爐內的是石墨。

快中子的產生是來自於核分裂的核子反應，兩種核燃料 $_{92}U^{235}$ 或 $_{94}Pu^{239}$ 一旦與中子，不論是快中子或慢中子發生核分裂的核子反應時，會產生出數個核分裂同位素，與兩、三個快中子，還夾帶著大量熱能。

產生出來的快中子，經過一次或多次與緩衝劑碰撞，得到充分的減速，變成了慢中子，容易使之促成與 $_{92}U^{235}$ 的核分裂反應，所以，以 $_{92}U^{235}$ 為主要核燃料的核反應爐，往往採用緩衝劑在內，目的就是要產生足夠的慢中子，促進此類的核分裂反應。

藉此，再多談一點核反應器物理。前一章裡，闡述了為了能夠促成

連鎖反應，核反應器的設計與運作狀態需達「臨界」，而「臨界」必須要具備兩大條件：「集中」與「足量」。也就是說，必須要有「足量」的核燃料，與核燃料需「集中」安置。現在，可以加入第三條件：即「緩衝劑」，也就是說，核反應器若以 $_{92}U^{235}$ 為燃料時，加入緩衝劑有助於「臨界」的形成，這是因為緩衝劑是產生慢中子的基礎，容易造就了 $_{92}U^{235}$ 與慢中子的核分裂連鎖反應。

　　上面所談的是若以鈾二三五（$_{92}U^{235}$）為燃料時，「緩衝劑」可以被視為達到「臨界」的第三個有利條件，但是如果一個核子反應爐使用的核燃料全部採用了鈽二三九，這個第三條件就不必要了，因為鈽二三九的核分裂反應是與快中子的核子反應，而不需慢中子的，不僅如此，反應爐內最好不要有任何使快中子減速的機制或材質，一切儘可能保持快中子的快速，以保持以快中子為主的「臨界」狀態。

3.2 運轉中機組類型

　　所有不同機型的核能電廠有一個共通性，就是以發電爲目的，但是也有非共通性而造就了不同的機型。非共通性取決於第二個目的，各自爲了達成其第二個目的，而採取不同的核子反應物理基礎，隨之而來的，就採用了不同的冷卻劑，而設計出各種不同的機型。

　　核分裂的核子反應產生核能，核能以熱能形式釋出，熱能被引入核反應爐的冷卻劑帶出，被加熱的冷卻劑，有的可以直接推動可轉動的渦輪，帶動發電機，使之轉動而發電。有的冷卻劑不適合直接接觸到渦輪，譬如用高溫的液態金屬當做冷卻劑時，就不適於接觸到渦輪內壁，在這種情況下，就在中間再用一個熱交換機，用高溫的液態金屬把由外部引進來的水加熱，產生水蒸氣再去推動渦輪，所以採用了不同冷卻劑，也造就了不同的核電機組的類型。

　　採用不同的緩衝劑與冷卻劑，與機組類型的第二個目的有直接的關係，第二個目的是要產生 $_{94}Pu^{239}$。因爲 $_{94}Pu^{239}$ 也是一種核燃料，第二個目的是，在發電時一邊消耗 $_{92}U^{235}$ 或消耗 $_{92}Pu^{239}$ 的同時，另一邊產生 $_{94}Pu^{239}$。能夠產生的 $_{94}Pu^{239}$ 的原因是，有了快中子現身於核子反應爐內，快中子能夠與這些核燃料內的其他主要成分 $_{92}U^{238}$ 產生核子反應，這類核子反應不屬於核分裂的反應，而是一種滋生的核子反應，因爲這個核子反應能滋生出 $_{94}Pu^{239}$。

　　另外要再加以說明的是，當一種核電機組類型使用 $_{92}U^{235}$ 爲主要原料時，核燃料棒內其實只有 5% 左右的成分是 $_{92}U^{235}$，其餘的成分是 $_{92}U^{238}$，這也是自然界中鈾鑛裡的主要成分。所以這類機組的核反應爐內產生了核分裂的核子反應時，主要核分裂的來源是依靠著這 5% 的 $_{92}U^{235}$ 來進行核分裂，一旦核分裂的核子反應形成了連鎖反應，在核子反應爐內，每個角

落都充斥著不同能量的中子，即快中子與慢中子，其中的慢中子不停地與 $_{92}U^{235}$ 產生核分裂的連鎖反應，但是 $_{92}U^{238}$ 就不會與快中子或慢中子產生核分裂的連鎖反應，但是快中子與 $_{92}U^{238}$ 能產生與核分裂不同的核滋生核子反應，同時製造出許多 $_{94}Pu^{239}$ 同位素。

這六種不同類型的核電機組，也可依照使用的核燃料、緩衝劑、冷卻劑，與第二目的的效果來分類。表 3.3 呈現這樣的分類。

表3.3 六種核電機組依核燃料、緩衝劑、冷卻劑與第二目的分類

核反應器型號	核燃料	冷卻劑	緩衝劑	第二目的效果：鈽二三九產量
壓水式	鈾二三五	水	水	少許
沸水式	鈾二三五	水	水	少許
重水壓水式	鈾二三八	水	重水	適量
氣冷式	鈾二三八	二氧化碳	石墨	適量
石墨緩衝式	鈾二三五	水	石墨	適量
液態金屬冷卻式	鈾二三五	液體金屬鈉	無	可觀

這六種類型的核電機組內部構造會在下面幾個章節內，一一做言簡意賅的描述，介紹這些機組的物理特性、主要組件的功能與運轉的簡單概念。所表示的數字如長度、半徑與操作溫度等，其精確度並沒有刻意要求，因為描述這些題目的主要目的是冀望迅速又有效的傳遞概念為主。

3.2.1 壓水式

壓水式核反應爐的原名是 Pressurized Water Reactor，簡稱 PWR。壓水名稱的由來是，這類反應爐用的冷卻劑與緩衝劑是水，而核反應爐運轉時，水會加熱至高達攝氏 324 度，為了不讓水在這樣的高溫之下沸騰，就把水壓增大，高達 153 個大氣壓力（等於 15.2MPa 或 2,220psi），高過其

沸騰點的 117 個大氣壓力（等於 11.9MPa 或 1,725psi），而抑制了在此高溫的沸騰，因為水在 324 度高溫之下，若壓力只有 117 個大氣壓力，是會沸騰的。

此類核反應爐設計的原則是用兩層熱循環系統來把核能產出的熱量帶出來，內層的循環系統負責把熱量從核反應爐帶出，外層的循環系統負責把內層循環系統的熱轉成水蒸氣，用來推動渦輪，牽引發電機發電。內層的熱循環與外層的熱循環之間的熱傳導，是在一個體型龐大、高度可觀的熱交換器進行的，這個熱交換器，在核電領域裡有個專有名詞，叫「蒸氣產生器」（Steam Generator）。圖 3.1 呈現核反應爐、蒸汽產生器、渦輪（Turbine）與發電機（Generator）等主要大型組件。

壓水式核反應爐

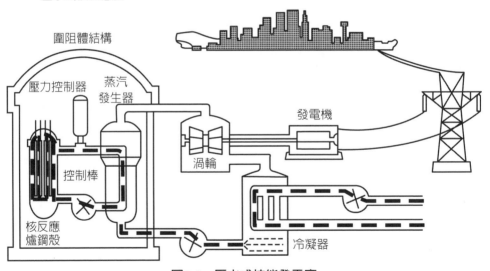

圖3.1　壓水式核能發電廠

內層熱循環用水當做冷卻劑，用來冷卻核子反應爐的核燃料棒，會使冷水略帶有一點輻射，把內層與外層的熱循環分開，外層循環裡，產生的蒸氣就沒有輻射，而能保持渦輪與發電機沒有污染。外層循環也用水當做

傳熱媒體，目的是產生蒸氣，要加熱到沸騰點，溫度達到攝氏 285 度，壓力達 6.9MPa 或 68 個大氣壓。

　　內層循環主要的大型組件都安置在廠內同一區域裡，俗稱「核島」，這些大型組件往往被一龐大的鋼筋水泥建築物覆蓋，這個建築物俗稱「圍阻體」（Containment）。圖 3.1 也呈現出圍阻體內的一些大型組件。

　　核反應爐內有約四萬多支細長的核燃料棒，每支長度約 3.7 公尺，直徑約 0.8 公分，核燃料棒內的核燃料，其主要成分是不到 5% 的鈾二三五（$_{92}U^{235}$），其餘是鈾二三八（$_{92}U^{238}$）。值得再提醒的是，鈾二三五（$_{92}U^{235}$）是主要核燃料，但鈾二三八並不被認同為主要核燃料，地球有天然的鈾礦，礦石含有 0.7% 的鈾二三五，其餘的都是鈾二三八（$_{92}U^{238}$），所以壓水式核電廠的核燃料必須要經過提煉的過程，使核燃料棒內的鈾二三五（$_{92}U^{235}$）增加到近 5% 的濃度才能夠做成核燃料棒。圖 3.2 呈現一個核燃料棒的組裝。

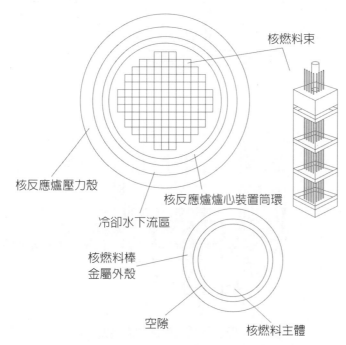

核燃料束

核反應爐壓力殼

核反應爐爐心裝置筒環

冷卻水下流區

核燃料棒
金屬外殼

空隙　　　　核燃料主體

圖3.2　壓水式核反應爐爐心核燃料束

　　這四萬多支核燃料棒安排成一個形狀近似圓筒幾何形狀的爐心（Core），爐心的總高度約 3.7 公尺，直徑約 3.37 公尺，爐心置放在一個形狀長圓筒的鋼製容器（Vessel），容器的直徑約 4.4 公尺，高度 13.36 公尺，鋼殼的厚度是 15.2 公分。圖 3.3 呈現核子反應爐的大概形狀與構造。

核反應爐壓力殼內部水流方向圖

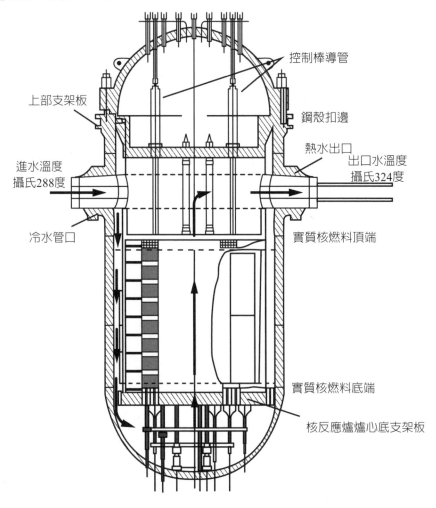

圖3.3　壓水式核反應爐內部構造

3.2.2 沸水式

　　沸水式核反應爐顧名思義是它運行的冷卻水是處於初步沸騰的狀態，其蒸氣溫度可達攝氏 287 度左右，而運作的壓力也是這個溫度的沸騰壓力，大約是 70 個大氣壓力或 7.1MPa（1,030psia），冷卻水在這樣的溫度與壓力就會產生大量水蒸氣，直接用來推動渦輪，牽引發電機發電。

　　這類型核子反應爐不同於壓水式核反應爐的最大差別是，沸水式核子反應爐只有一層熱循環，而壓水式核子反應爐有二層熱循環，所以由沸水式產生的水蒸氣會直接接觸渦輪的內壁，造成大件機組面臨到輕度輻射與少量腐蝕的不便，這是它的缺點，當然它的優點就是省略了第二層的熱循環。圖 3.4 呈現這個機型只有一層熱循環的主要組件，有核反應爐容器在圍阻體內、渦輪與發電機。

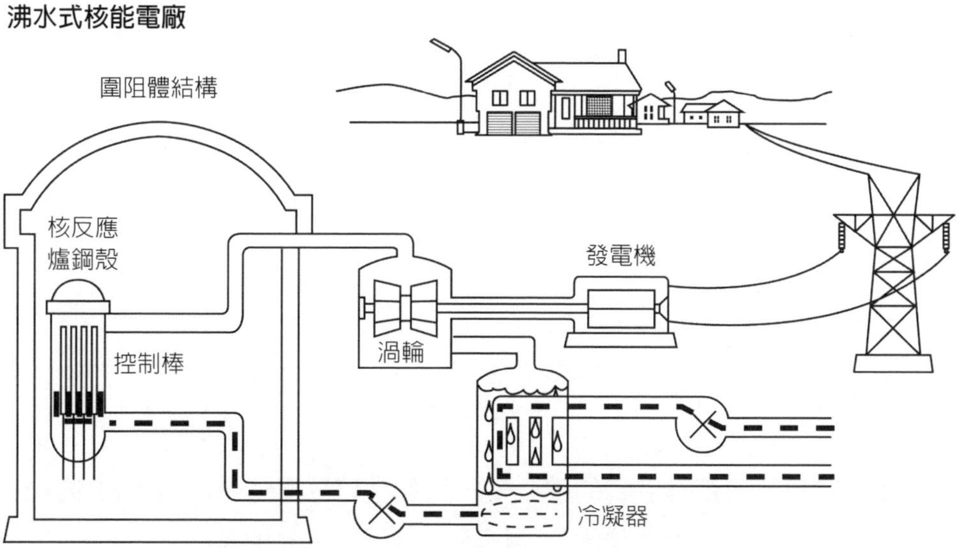

沸水式核能電廠

圖3.4　沸水式核能電廠圍阻體渦輪與發電機

　　沸水式核子反應爐有大約有五萬至六萬支又細又長的核燃料棒，每支

長度大約 3.7 公尺，直徑在 1.1 公分左右，這許多的核燃料棒安置在形成圓筒形的爐心，爐心高度大約是 4.1 公尺，直徑大約是 5.2 公尺，爐心放在核子反應爐容器內，這容器顯示在圖 3.4 中的圍阻體內，其高度為大約 22 公尺，直徑為 6.4 公尺，容器鋼殼的厚度約為 16 公分。

在這裡從核反應器物理的角度，簡單地討論一下壓水式核反應爐與沸水式核反應爐爐心不同的原因。沸水式核反應爐的設計，讓爐中冷卻水達到沸騰的狀態，而能產生水蒸氣，水蒸氣可以直接去推動渦輪與發電機。當水在爐心中有了初步的沸騰狀態，就會產生小的水蒸氣氣泡，而水蒸氣氣泡的存在，相當於在爐心內水的平均密度因此而減低，因為爐心的水也有做為「緩衝劑」的功能，這個功能也會因為水的平均密度減低而打折扣。

在 3.1 這個章節裡談到了快中子與慢中子扮演的角色，也說明了「緩衝劑」的作用，在使核子反應爐儘可能滿足「臨界」的條件，「緩衝劑」有助於輔助「臨界」所需要的另外兩大條件：核燃料「集中」與「足量」。如果用水當做「緩衝劑」的功能減低時，它輔助「臨界」的能力就減少了，因此「臨界」就需靠增強「足量」這個條件來彌補所產生的缺陷，於是沸水式反應爐的核燃料總量就需要增加，這就是沸水式核子反應爐比壓水式反應爐的體積增加了許多的原因。

3.2.3 重水式

重水式核反應爐其名稱的由來是，這類型核反應爐是用重水當做「緩衝劑」。重水是一種功效強的「緩衝劑」，可以有效地彌補核燃料在核子反應爐內使用量不足的缺憾。

在前面的章節談到的一點核反應器物理，有關在核反應爐中達到「臨界」的三大條件：「集中」、「足量」與「緩衝劑」，其中若有任何一個

條件略有缺失時，可藉另外二個條件的加強來彌補。沸水式核反應爐因爲「緩衝劑」有了蒸氣的稀釋效應，導致了緩衝效果的下跌，就用加量於核燃料，即用「足量」這一條件來彌補到達「臨界」所需的缺陷，所以沸水反應爐的核燃料用量就加多一點，爐心的體積也變得大了一些。重水反應爐的情況與沸水反應爐的情況剛好相反，重水反應爐的核燃料天生不足，於是藉用了重水強有力的「緩衝」能力來彌補核燃料這方面的缺憾。

再加上一些物理上的分析。重水式核反應爐的核燃料是採用天然鈾鑛，其成分是 0.7% 的鈾二三五（$_{92}U^{235}$），其他成分都是鈾二三八（$_{92}U^{238}$）。鈾二三五是主要核燃料，而鈾二三八卻不是核燃料，但是壓力式核反應爐或沸水式核反應爐的核燃料，都有近 5% 的鈾二三五。相比之下，也就是說來比較這兩類核燃料的成分，重水反應爐中，核燃料用的鈾二三五含量，就呈現顯著的不足，於是「足量」的這一個針對「臨界」負責的條件就大打折扣，因此採用重水做緩衝劑，是以天然鈾鑛做燃料的最佳配合。

重水式核反應爐是加拿大獨有的產品，加拿大發展出這個類型的核子反應爐，並推廣到其他的國家，是基於幾個原因：

1. 加拿大有鈾鑛
2. 早期沒有成本較低的提煉鈾二三五的技術
3. 二次世界大戰後歐洲的大量重水存量移至加拿大

由於加拿大有天然鈾鑛，在早期五零年代做了決定，不發展提煉來增加鈾二三五濃度的技術，也不投資建設提煉的設備，正好國家具備大量的重水，適用於配合天然鈾的臨界條件，很自然的向發展重水反應爐的方向進行。

重水反應爐有一個獨特的優點，它不需要先停機，再來抽換核燃料棒，它可以在發電運轉的同時補充新料。爲闡述這個特性，在此再略事複習一下有關的核反應器物理。在壓水式與沸水式反應爐運轉發電時，會不斷地消耗核燃料，也就是在核心的鈾二三五的存量慢慢在減少，前面提及

保持連鎖反應的「臨界」的狀態，需要有三大條件，其中一個條件「足量」，假以時日，會因為燃料的消耗而不再「足量」。於是每隔大約十八個月，核電廠要停機，爐心內的核燃料棒一部分要換新。燃料棒換新過程往往耗時一、兩個月，在這段時間停止發電。

　　重水反應爐在設計時，就加入了可以在發電運轉同時能夠抽換核燃料棒的功能，重水反應爐的圓筒型容器，被設計成橫躺的安置，為了方便抽換核燃料棒，核反應爐容器在其圓筒兩端的圓形平面，接上了可以直接套用抽換核燃料棒的機械裝置。

　　圖 3.5 呈現一個重水式核電廠。圖中顯示了橫置的重水核反應爐容器在圍阻體內。由於這類型也採用了與壓水式核電廠相同兩層的熱循環，也有蒸氣產生器在圍阻體內，外層熱循環把產生的蒸氣帶出推動了渦輪，牽引了發電機而發電。圖 3.6 呈現一個大型圓筒平躺的核反應爐，穿過爐心許多與地面平行的管道，都是核燃料棒置放的地方，圖 3.7 是一個可以移動抽換核燃料棒的裝置。

重水式核能電廠示意圖

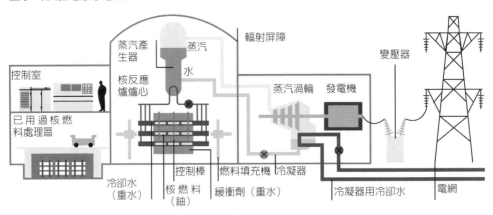

圖3.5　重水式核電廠圍阻體渦輪與發電機

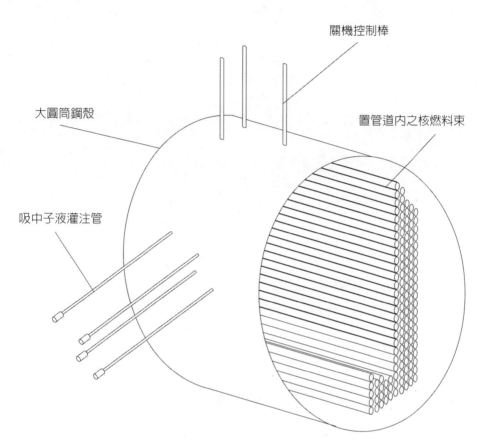

關機控制棒

大圓筒鋼殼

置管道內之核燃料束

吸中子液灌注管

圖3.6 重水式核反應爐 爐心圓筒殼與核燃料束管道

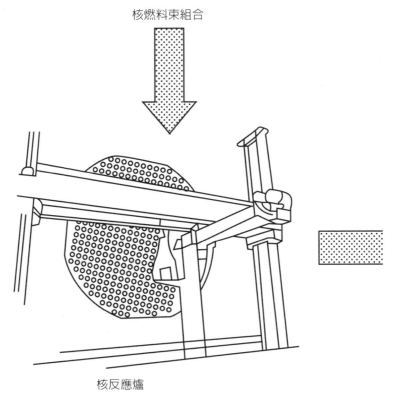

核燃料束組合

核反應爐

圖3.7 重水式核電廠核燃料填充機

　　重水反應爐採用的核燃料棒，每支只 0.5 公尺長，直徑約 1.3 公分。
有的重水反應爐採用了 37 支核燃料棒做成束，捆裝在一起，變成一個圓
筒形的燃料束，這個燃料束的直徑大約是 10.2 公分。用 12 束的頭尾銜接
方式，形成一串，直徑仍然是 10.2 公分，但是長度變為 12 倍的連結束，
安置在長度約有 6 公尺的管道裡，管道內部的直徑約有 10.3 公分。整個
大圓筒形狀橫躺的爐心共有 380 個管道，個個用來容納這些核燃料束，爐
心的直徑約為 7 公尺。

　　再從核反應器物理來檢視一下「臨界」這個概念。達到「臨界」的其
中一個重要條件是「足量」，即核反應爐內必須有「足量」的鈾二三五，

但是，因為重水反應爐的燃料用的是天然鈾，其含量只有 0.7% 的鈾二三五，於是「足量」這個條件就面臨著嚴重的挑戰，為了增強這個條件，仍有一方法，那就是去增加核燃料棒的總數，雖然每支核燃料棒內的鈾二三五含量不高，但如此安排仍然可以增加鈾二三五的總量，於是核反應爐爐心的體積就需增大。

這說明了為什麼重水式核反應爐的體積會比壓水式與沸水式要大。

3.2.4 高溫氣冷式

高溫氣冷式核反應爐的體積比前面三者又更大，原因與前面所敘述的原理也都相同。高溫氣冷式核反應爐用的緩衝劑是石墨，就是碳。因為碳也是一種能夠使快中子減速變成慢中子的元素，慢中子容易與核燃料鈾二三五產生核分裂的核子反應，有足夠的慢中子才能保持核分裂的連鎖反應。

因為用石墨做緩衝劑產生慢中子的效果，不如水或重水的緩衝效果，所以也不如前面所介紹的三類機型，它們在達成「臨界」上的效果。由於「臨界」的三大條件是「集中」、「足量」與「緩衝劑」，其中之一的「緩衝劑」的不足，需用「足量」即另一個條件來彌補，意味著這種機型需要加強「足量」這個條件，即把核燃料用量加大，把石墨用量增加，因此其核反應爐體積就需要變得更大。圖 3.8 顯示了高溫氣冷式核反應爐的體型大小與其他三種機型的比較。

英國建了數座這種機型的核反應爐，用的冷卻劑是氣體二氧化碳。二氧化碳雖然也能夠有效地把爐心的熱量帶出，但是其效果遠不如液態的水或重水，因此用二氧化碳氣體當成冷卻劑，所付出的代價是爐心的溫度會很高。

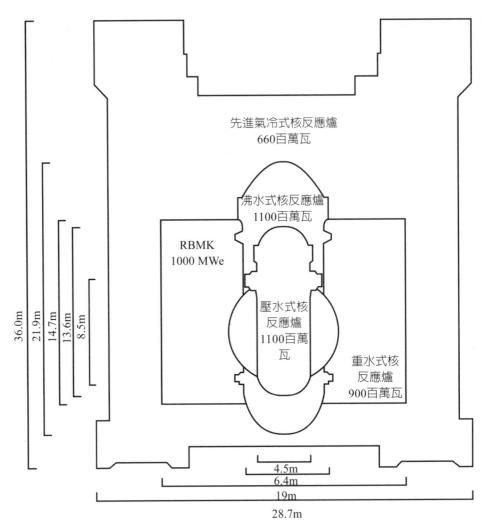

圖3.8　先進式氣冷式、壓水式、沸水式，與重水式核反應爐之比較

　　在討論核反應爐內的「快中子」與「慢中子」時，用這兩個名詞的目的是，希望很快就能傳達核分裂核子反應的簡單概念，包括了其涉及的核反應器物理，也希望可以有效的解釋在每一類型核子反應爐設計上，為什麼要採用它們獨特的組件與材料。但實際上在核子反應爐內，億萬個飛揚於每一個角落的中子，它們不止是只有「快中子」與「慢中子」兩個明確

的分類，而是所有中子所具備的能量呈現出一個分布的能量譜，各種能量的中子都有，只是「快中子」與「慢中子」比較多而已。

用石墨做緩衝劑涉及了此類機型的第二項重要功能：滋生鈽二三九。在許多核子反應中，鈾二三八比較容易與快中子發生核子反應而生產鈽二三九，所以如果把滋生鈽二三九視為目的之一，就必須要在核反應爐內，設計成仍有足夠快中子存在，而達到滋生鈽二三九的效果。使用石墨做緩衝劑可以達成這個效果，因為石墨在緩衝快中子變成慢中子的過程中，其效率不如水或重水，在執行了緩衝快中子的任務，效果不是百分之百，仍然會留下一些快中子，所以用石墨做緩衝劑可以有較多的鈽二三九產量，所付出的代價是發電量往往不高，因為慢中子產生不足，而使慢中子與鈾二三五之間的核分裂反應發生量不夠，導致核能的生產不是最高。

前面有兩段解釋了高溫氣冷式為什麼有龐大的體積，是基於核子反應器物理對臨界的要求，需要把體積變大或核燃料增加，來彌補以石墨做緩衝劑所帶來的次等緩衝效果。圖 3.9 是一個示意圖，顯示這類核反應爐機型，有二氧化碳冷卻氣體在爐心做冷卻的通道裝置。圖 3.10 是一個簡單的工程圖，顯示了爐心的大小，與在其左右鄰近的熱交換機，可以產生水蒸氣。爐心有許許多多塊狀石墨充置於內，聚集的石墨中，鑿出了 332 個直立管道，管道高度是 8.3 公尺，每個管道可容納 8 個直立疊立在一起的核燃料束，每梱燃料束呈細長圓筒形，裝有 36 支細長核燃料棒在其內，每支核燃料棒長約 1.036 公尺，直徑約 1.5 公分。這個的裝置形成了一個大型的直立圓筒形狀的爐心，其高度大約是 8.3 公尺，直徑是 9.5 公尺，二氧化碳的平均溫度是攝氏 639 度，壓力約為 41MPa。

先進型氣冷式核反應爐

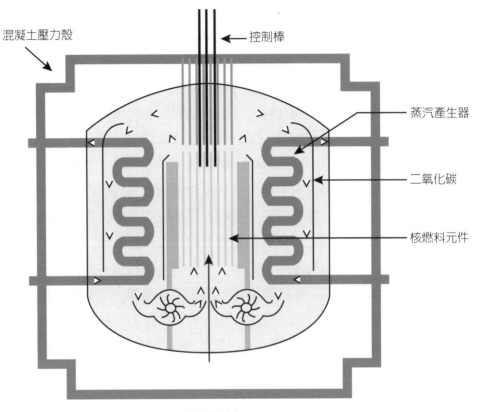

混凝土壓力殼

控制棒

蒸汽產生器

二氧化碳

核燃料元件

石墨緩衝劑

圖3.9　先進型核反應爐爐心示意圖

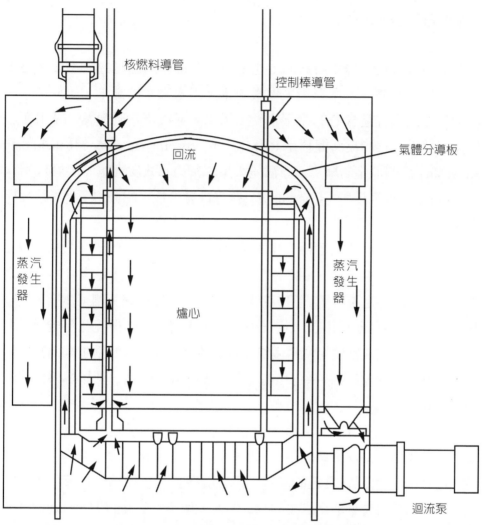

核燃料導管

控制棒導管

氣體分導板

回流

蒸汽發生器

蒸汽發生器

爐心

迴流泵

圖3.10　先進型氣冷式核反應爐爐心顯示圖

3.2.5 石墨緩衝式

這類機型是前蘇聯設計的，也是只有在俄羅斯運轉的一型商業發電用的核子反應爐。它用石墨來做緩衝劑，用水來當冷卻劑，屬於沸水式的類型，因為經過核心的冷卻水產生了水蒸氣直接推動渦輪，牽引了發電機來發電。它的英文簡稱是 RBMK，是 Reactor Bolshoy Moshchnosty Kipyashiy 這四個字的縮寫，意思是大型容積沸水式反應爐，在 1986 年 4 月 26 日前蘇聯車諾比（Chernobyl）核電廠發生核災的機型，就是這種機型。

這類機型採用的核燃料，其主要燃料鈾二三五的濃度只有 2%，相較之下，比前面幾個機型的鈾二三五含量低了許多，從滿足臨界的角度來看，第二大條件足量打了折扣，於是就用第三大條件緩衝劑來彌補，這也是 RBMK 機型因為採用了大量石墨當成緩衝劑，而必得使此類機型體型變大的主要原因。當然足量這個條件也被核燃料棒數目的增加來彌補，所以 RBMK 機型的核燃料棒也比前面所描述的數種機型，其核燃料棒總數要多出許多。

用石墨當緩衝劑可以同時滋生出比較多的鈽二三九，生產鈽二三九也是這個類型的核反應爐的另一個重要目的。因此為了保持其生產線的績效，RBMK 也可以在發電的同時，不必關機就可抽換核燃料棒，也能從使用過的核燃料棒抽取出滋生的鈽二三九，使鈽二三九的生產有連續性。

圖 3.11 呈現 RBMK 核反應爐，通過爐心的冷卻水管，與安置在兩邊的蒸氣產生器。圖 3.12 呈現爐心的一切細節，直立磚頭組合的圖案代表著石墨在爐心的安置。圖 3.13 呈現示出其他重要組件如：渦輪與發電機。圖 3.14 呈現了全廠重要管道與主要組件的廠房立體圖。

輕水式石墨緩衝型核反應爐

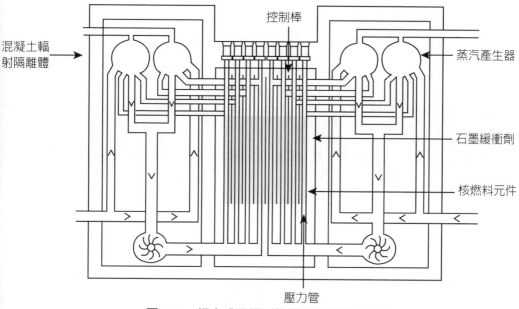

混凝土輻射隔離體 →

控制棒

蒸汽產生器

石墨緩衝劑

核燃料元件

壓力管

圖3.11　輕水式石墨型核反應爐冷卻水通道

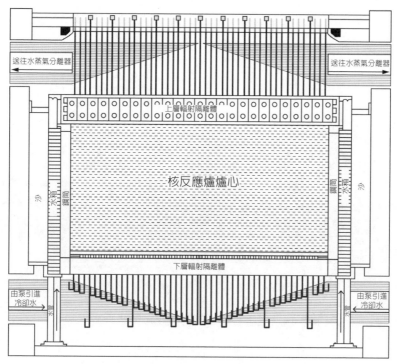

送往水蒸氣分離器

送往水蒸氣分離器

上層輻射隔離體

核反應爐爐心

沙

水箱

鋼層

鋼層

水箱

沙

下層輻射隔離體

由泵引進冷卻水

由泵引進冷卻水

圖3.12　輕水式石墨型核反應爐爐心示意圖

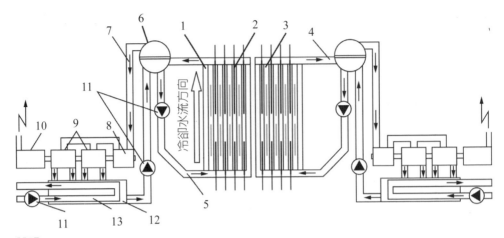

說明：
1.用石墨為緩衝劑之核反應爐
2.控制棒
3.核燃料棒壓力導管
4.水與水蒸氣之混合體
5.水
6.水與水蒸氣分離器
7.水蒸氣進口
8.高壓渦輪
9.低壓渦輪
10.發電機
11.抽水馬達
12.水蒸氣冷凝器
13.冷卻水（由河流或海洋引入）

圖3.13　輕水石墨型核電廠之冷卻裝置與渦輪發電機示意圖

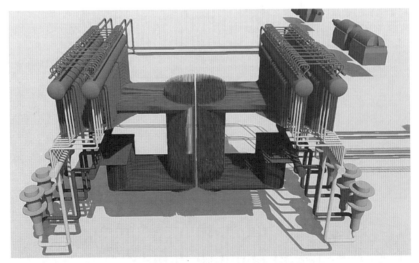

圖3.14　輕水石墨型核電廠之冷卻管道鋪陳

置於爐心的核燃料棒，其長度約為 3.4 公尺，直徑約 1.36 公分。用 18 支燃料棒組裝成一束圓筒型的原料筒束，再由兩個相同的組裝，以上下重疊的方式併在一起，讓這個總長度加倍的組合，置於大型塊狀的石墨體內的直立管道內，冷卻水通過管道，冷卻了核燃料棒，帶走了熱量，產生水蒸氣，由管道上方通到 4 個橫置的大圓筒內，水蒸氣得以集結在大圓筒內，水蒸氣溫度是攝氏 284 度，壓力是 6.9MPa。

穿過石墨塊狀組裝共有 1,661 個管道，每個管道都有上下重疊的核然料束，每束原來長度是 3.4 公尺，但是由於兩個組裝上下重疊直立的安置，再加上中間配套的結構，形成爐心有 8 公尺的高度與 14 公尺的直徑，整個爐心置於形狀相似的容器內，容器的高度大約是 14.52 公尺，直徑約 9.75 公尺。

3.2.6 液態金屬冷卻式

上面介紹了商業運轉的五種機型，它們的共同點是它們都依賴著鈾二三五有容易與慢中子產生核分裂的特性，在以鈾二三五當原料時，核子反應爐內設計了各種緩衝劑，使得核分裂產生的中子以快中子居多，能夠與緩衝劑碰撞而減速變成了慢中子，有了足夠的慢中子，這些慢中子再與鈾二三五繼續下一波的核分裂反應，使得連鎖反應得以持續。

鈾二三五除了能夠與慢中子產生核分裂的核子分裂反應之外，也能夠與快中子產生核分裂的核子反應，鈽二三九是另一種核燃料，會很容易與快中子產生核分裂的核子反應。鈾二三五與鈽二三九，各都可獨立或混合一起做為快中子滋生核子反應爐的燃料。

鈾二三五或鈽二三九當做原料時，其成分大約用了 20% 的鈾二三五在燃料棒內，其他成分是天然鈾礦含最多的鈾二三八，鈾二三八不當成核燃料，因為它不容易與快或慢中子產生核分裂反應，於是無法加入連鎖反

應的行列裡來產生核能，但是鈾二三八可以與快中子產生另類的核子反應，就是滋生核子反應，而滋生出鈽二三九。所以這類核子反應爐常刻意地多加入鈾二三八在爐心的外層，冀望能盡量利用在爐中的快中子滋生出鈽二三九。這外圍以鈾二三八爲主的滋生層，在核反應器物理中，有一專有名詞，稱爲「滋生毯」（Breeding Blanket）。

這類機型以快中子的運行爲主，爐心內就不使用任何緩衝劑，同時，這類設計所用的核燃料組成，其中鈾二三五的成分，比前面五種機型核原料內的成分高出許多，沒有緩衝劑與高成分的鈾二三五，這兩個因素使得快中子的核子反應爐的體積就會比前者五類機型的體積小很多。舉個例子，俄羅斯的 B-800 型商業運轉的快中子核反應爐，其爐心高度只有0.9 公尺，直徑約 2.56 公尺。爐心內約有 7 萬支核燃料棒，都是這個高度，每支的直徑約 0.7 公分。現在世界上只有兩台類似的機組，都是俄羅斯的設計，在俄羅斯境內運轉。

以快中子爲主要核分裂的媒介，其產生的熱量相當高，又全部產於很小的體積內，其能量密度相當可觀，用水或二氧化碳當冷卻劑是不夠的，所以這一類型的核反應爐所用的冷卻劑是液態金屬鈉。它的融點大約攝氏98 度，也就是說當它的溫度超過攝氏 98 度，它就呈液體狀態，可以形成流體而當冷卻劑，又因爲是金屬，有很強的導熱性能，也沒有使快中子減速的功效，適用於此類機型。液態鈉通過了爐心後，溫度可高達攝氏 547 度。

圖 3.15 呈現此類機型有其兩層循環的冷卻系統。圖中呈現出在核反應爐中央的扁平型爐心，它置於一個全是液態鈉的大池中，液態鈉被核反應爐釋出的熱量傳入池中，池中高溫液態鈉被送入一個長型直立於池中的熱交換機，把熱再傳給熱交換機的外層熱循環管路的傳熱媒介，也就是液態鈉，外層熱循環接受了傳來的熱，再經過另外一個體型高大的長型熱交換機，傳熱給最外層的熱循環管路，用水做冷卻劑，受熱後產生蒸氣推動渦輪牽動發電機，使之轉動而發電。

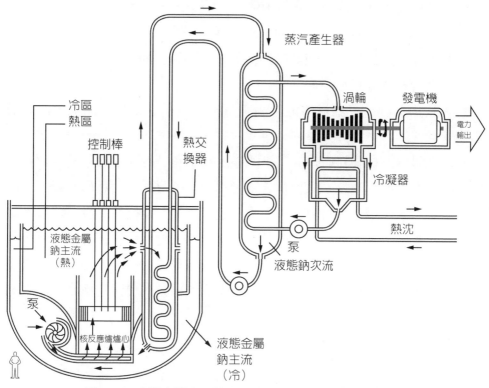

圖3.15　液態金屬冷卻快中子核反應爐爐心與電廠示意圖

快中子核反應爐有幾個重大的功能是其他機型沒有的，說明如下：

1. 快中子與燃料中的鈾二三八會產生核子滋生反應，可以在發電時消耗核燃料鈾二三五或鈽二三九的同時，滋生出鈽二三九。

2. 可以把其他機型用過的核燃料，放在這裡當爐心的部分燃料。

3. 這種機型因消耗核燃料而產生的高階核廢料，可以繼續留於爐心內，也同時被消耗，因為高階核廢料的諸多錒系同位素，容易與快中子產生可以分解這些同位素的核子反應，分解的過程又能夠釋出能量，所以此類機型不會殘留核廢料。

4. 運轉時，爐心也可置入從其他機型機組所產生的高階核廢料一併消耗，被視為有核廢「焚化爐」的功能。

這類型核反應爐目前面臨的困難，這裡舉出一二：

1. 金屬鈉易與水產生危險的化學反應。

2. 金屬鈉有腐蝕性，在熱交換機裡會產生穿孔漏洞。

3. 內部結構鋼材用量高。

4. 快中子在核反應爐內能量高數量多，容易造成材料損壞，使結構壽命減短。

現在世界的核廢料處理成了大問題，其中有一個重要因素是，世界在整個核燃料的使用消耗、燃料再滋生，與消耗核廢料的大循環藍圖裡，快中子滋生爐這類型電廠扮演著重要的角色，但是此類機型的發展遠遠不如預期，科技上沒有如期的發展成熟，商業上也未能達到運轉的普遍性，所以原本它在核燃料循環與消耗核廢料的角色並未扮演成功，使得消耗核廢料的機制也沒有全面成形，於是目前處理高階核廢料仍然視為是一個未完成的議題。

下一代新型核電廠機型

　　新型發電用的核子反應爐有許多種類，在這裡介紹的幾個新機型，都是在近十年左右，開始了積極的商業化的準備或動作，這裡的討論著重於一些這類新機型的技術層面、簡單扼要的設計理念、重要的優勢與面臨的困難。

3.3.1 熔鹽冷卻式（Molten Salt Reactor）

　　前面已經描述的幾類機型核反應爐所用的冷卻劑包括有：水、重水、液態鈉，或是二氧化碳氣體。這裡要介紹的這類機型所用的冷卻劑是液態熔鹽（Molten Salt）。這裡所指的鹽並非食鹽，而是廣義的鹽，即在化學定義上的鹽，是非酸、非鹼的物質，卻常常是由酸鹼中和而形成的物質。鹽的常態是固體，在高溫時變成液體，因為有較佳的導熱性，這樣的流體可以用來做核反應爐的冷卻劑。

　　這類型的核反應爐早在 1960 年左右開始，就被美國在田納西州的橡樹嶺國家實驗室開始研發，成功地做出了實驗模型，那時用的熔鹽是兩種鹽，各自在高溫下，熔化成液體後融合在一起，合成為一體的流體當做冷卻劑，這兩種熔鹽融合在一起的狀態稱為共晶熔融（Eutectic）。在這裡特別做一個重要的解說，有關「共晶熔融」這個字的意義，它是指用鈾二三五或鈽二三九，或甚至其他核燃料形成「核分裂」核子反應時，使用多種熔鹽為冷卻劑時，多數熔鹽的混合狀況，其意義是完全不同於「核融合」的核子反應的用字「融合」，核融合反應（Nuclear Fusion）是指氫同位素的原子融合在一起的核子反應，而熔鹽的融合是液態熔鹽（Molten

Salt）的熔融（Eutectic）狀態。

在當年橡樹嶺國家實驗室的實驗模型中，使用的熔鹽冷劑有一個特別的名字叫「氟鋰鈹」（Flibe）。這個名字的原因是根據簡化的化學名，它是由兩種熔鹽混合在一起形成的，一是氟化鋰 LiF，另一是氟化鈹 BeF_2，所以混合體的化學式是 $2LiF\text{-}BeF_2$，學界替它取了一個俗名叫 Flibe。在高溫時它由固體熔成液體，熔點溫度是攝氏 455 度左右，高溫液體可做成冷卻劑，傳送入核反應爐後，爐心的熱能可以傳給冷卻劑，使冷卻劑的溫度可升到攝氏 700 度以上。

一般核子反應爐內燃料棒的形狀是細長的金屬管，長可達 3 至 4 公尺，而半徑只有 1 公分左右，管內填入核燃料，管內由核分裂反應產生高熱時，冷卻劑在管外流過，使核燃料棒不會過熱，冷卻劑也帶走了熱能，送到一個熱交換機，產生水蒸氣去推動渦輪牽動發電機來發電。但是用這個熔鹽當冷卻劑時，鈾原料與鈽原料也可以用鹽的化學形態一起熔融到熔鹽體內，而不再以固體的形態放置在長管內，而形成了一個燃料與冷卻劑的共晶熔融體，變成了同一個液體，流入核反應爐的爐心。在爐心有核分裂的核子反應產生，產生了熱量，使整體的流體流向熱交換機或蒸氣產生器，被冷卻後，燃燒冷卻劑混合體再被送回爐心，周而復始地循環運轉。

在早年的實驗型機組已經成功的驗證這種設計，橡樹嶺國家實驗室的實驗模型中，使用的核燃料與冷卻劑的混合液體是 $LiF\text{-}BeF_2\text{-}ZrF_4\text{-}UF_4$，它的成分了包括氟鋰鈹（Flibe）是冷卻劑的部分之外，另外成分有氟化鋯（ZrF_4）和氟化鈾（UF_4），屬於核燃料成分。這高溫混合流體流進爐心，也用石墨當緩衝劑，在此發生了核分裂分應，產生了大量熱量於共同流體中，再流出爐心奔於熱交換器，這個熱流的循環稱為內層熱循環。

核燃料與冷卻劑組合的共同流體，藉著內層循環，在熱交換器把熱量傳給外層的流體媒介，外層流體媒介，當年所使用的是另一種熔鹽的組合，它的成份是 $2LiF\text{-}BeF_2$，即 Flibe。外層熱循環再把外層循環內的冷卻媒介送到第二座熱交換器，把熱傳出。圖 3.16 顯示了早期在橡樹嶺國家

實驗室的實驗型熔鹽式核子反應爐。

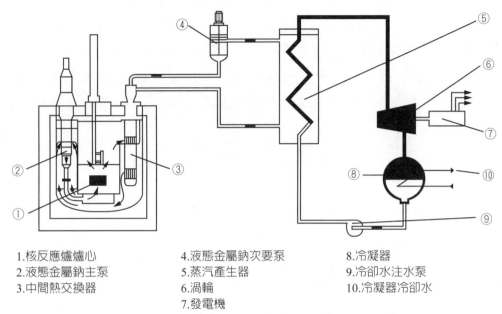

1.核反應爐爐心　　　　4.液態金屬鈉次要泵　　8.冷凝器
2.液態金屬鈉主泵　　　5.蒸汽產生器　　　　　9.冷卻水注水泵
3.中間熱交換器　　　　6.渦輪　　　　　　　　10.冷凝器冷卻水
　　　　　　　　　　　7.發電機

圖3.16　水池型快中子核反應爐發電站內部架構示意圖

　　由於這種核燃料與冷卻劑組合的方式，是把核燃料以鹽的化學形式，直接融於燃料與冷卻劑化學鹽的一個液體組合，這樣的方式可以省略製造管狀核燃料棒的過程，省錢省事更省時，最重要的另外一個特色是，燃料配方有更大的自由度。也就是說，鈾、鈽，甚至釷為燃料時，可以各自以鹽的化學成分做成不同比例的配方，而達到有特殊功能性的核子反應爐，而且又可迅速地達成不同的目的。譬如，使用不同燃料組合，再配合適當的緩衝劑，可以設計出爐心內形成中子能量不同的分布，而決定這個核子反應爐的用途，是除了發電之外可以滋生鈽，或是除了發電之外可以成為「焚燒」高階核廢料的「焚燒爐」，這都與鈾、鈽，或釷的比例有關。

　　根據這種液態混合體所設計的核反應爐有許多優點，因為有明顯的商業優勢，近幾年已經有許多商業團體注重它的發展。圖 3.17 是俄羅斯發

展中的熔鹽式核子反應爐，是商業發電的規格。用的燃料是可以特別製造的超鈾、超鈽，或兩者混合的氟化物，或者氟化的鋼系元素，都視為高階核廢料。因此這種核反應爐的設計有「焚化爐」的功能，因為它可以消耗核廢料又可發電，這種機型其設計的發電量約 800MWe 左右，它的爐心大約有 3.6 公尺的高度與 3.4 公尺的直徑，用了厚度 0.2 公尺的石墨反射牆，核燃料與成分為 2LiF-BeF$_2$ 的冷卻劑混合，變成一個液態組合體。

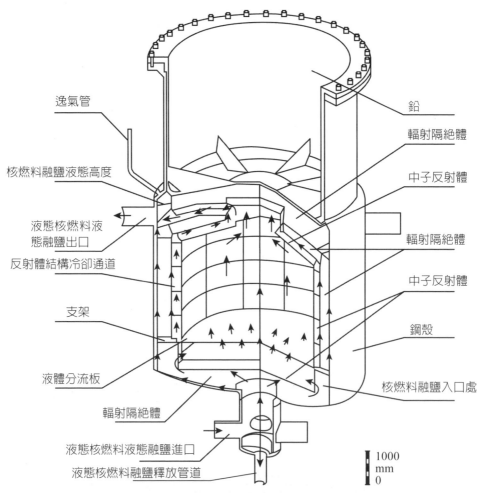

圖3.17 鋼系元素循環轉換熔鹽核反應爐

逸氣管

鉛

輻射隔絕體

核燃料融鹽液態高度

中子反射體

液態核燃料液態融鹽出口

輻射隔絕體

反射體結構冷卻通道

中子反射體

支架

鋼殼

液體分流板

核燃料融鹽入口處

輻射隔絕體

液態核燃料液態融鹽進口

液態核燃料融鹽釋放管道

1000
mm
0

　　另外有一類似的機型，但是其設計的目的是，除了發電，還得以滋生為主要目標，所用的核燃料是氟化釷，釷二三二在爐心內被消耗後，可以滋生成鈾二三三，故得名為滋生型。滋生出的鈾二三三也是與鈾二三五有一樣核分裂功能，所以也可視為一種核燃料，只是尚未被廣泛使用。因為需要維持滋生的功能，爐心加強快中子增殖的特色就有其必要性，快中子滋生爐的體積往往不需過大，這個機型的爐心大小，其高度約 2.25 公尺，直徑也是 2.25 公尺，總發電量約 1000MWe。圖 3.18 呈現這類機組所設計的主要組件。

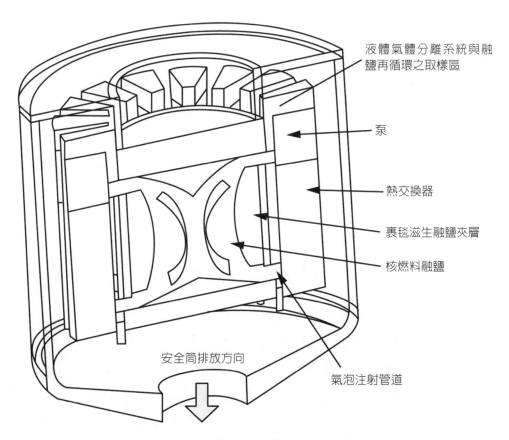

液體氣體分離系統與融鹽再循環之取樣區

泵

熱交換器

裹毯滋生融鹽夾層

核燃料融鹽

安全筒排放方向

氣泡注射管道

圖3.18　融鹽式快中子滋生核反應爐

熔鹽冷卻體與核燃料熔融成共晶的機型有幾個優點：

1. 壓水式或沸水式機型流失冷卻水的事故在這裡幾乎不存在。因為若一旦流失了共同熔液，冷卻液與燃料成分都會流失，原來擔心失去冷卻液會造成需要被冷的核燃料形成高溫狀態而導致的核事故，不再存在。

2. 類似福島核事災的事故不再存在。那類核災發生的原因是冷卻水不夠，無法降溫，在高溫情況下，水蒸氣與核燃料棒的管殼金屬發生化學反應，產生了大量氫氣，造成了氫氣爆炸。這一切的情況，都不會發生在採用熔融共晶液爐心的機型裡。

3. 液態燃料容易輸出。運轉一段時間後，送入就近的高階核廢料分離廠，把高階核廢料又再注回液態的核燃料冷卻液的共同體，送入爐心繼續核反應，既可發電又可「焚化」高階核廢料。

4. 低階核廢料也可容易即時的分離出去。這個措施的必要性是，有的低階核廢料有吸收中子的特性，它們的存在會影響「臨界」的能力。

5. 核燃料在爐心運轉後，產生的超鈾與超鈽的元素（即原子數大於92的元素與其同位素），都可一併留在爐心繼續產生核反應，省去再提煉等繁鎖費時、成本高的步驟。

6. 上列三點優勢都是因為此類機型的爐心可以不費周章的設計出各種中子能量的分布型態，因此容易建成「滋生」型或「焚燒」型的機型。

7. 熔鹽可耐高溫，這類機型的操作溫度很高，使得電廠有熱效率的運作。

8. 在實際電廠運行操作上，常常會針對用電量需求的改變，而電廠自身會有面對快速升載或降載的要求，液態核燃料與冷卻液形成一體的核反應爐機型，比壓水式或沸水式機組容易調控自身的升載與降載，因為少了許多核燃料棒安全上與時間等待的限制。有許多核反應爐在運轉後，會自行產生氙氣（Xenon），它會吸收中子，嚴重影響到「臨界」的形成，而需費時等待其被消耗或消失後，再繼續運轉。

9. 此類爐心有一特色是它有高密度的能量產生，與其他機型相比，

它單位體積的能量高出很多，曾一度被考慮使用在飛行動力上，愛達荷國家實驗室前身，國家反應爐試驗站於 1954 年，與橡樹嶺國實驗室在 1957 年，都成功的完成了初步實驗。

當然這類機型也有一些缺點或技術瓶頸需要克服：

1. 整個液體組合有輻射性，它流動於內的組件有熱交換器與馬達，這組件的內壁與流液有直接接觸而呈輻射性，這會是一個機器保養的議題。

2. 快中子是其爐心在核反應的主要媒介，而快中子容易產生結構上的輻射損傷，因而減低了結構材料的壽命。

3. 這類熔鹽在高溫下對材料有腐蝕性。

4. 爐心的安排可以容納許多不同功能的設計，也很容設計出迅速生產核子武器原料的裝置，這會成為防止核子擴散的一項憂慮。

3.3.2 小型組裝式（Small Modular Reactor）

最近幾年小型組裝式機型在世界各地都有許多重大的進展，尤其是在準備商轉的進行上，許多公司紛紛成立，開始了初步的運作。每個公司其運作的進度都不同，但大致包括了這些項目：實驗型的設計與運轉、實際廠房建設的設計、尋求政府管制單位的營運許可，與發電後電力使用的買賣合約。

所謂的小型組裝式核子反應爐並不是指某一特定的設計，而是一個統稱，上列所描述的不同機組都有其小型組裝式的版本，譬如說，所有在前面各章節內已經介紹過的核反應爐機型，如壓水式、沸水式、高溫氣冷式、熔鹽冷卻式、與快中子液體金屬冷卻式，都推出了同一款式，但發電量減少許多的小型核電廠，小型是指發電量從原來平均大約 1000MWe（一百萬瓩）的發電量變成 50MWe 至 300MWe 不等之發電量、規模甚小

的電廠。

根據近二年的統計,推出小型核電廠的國家有英國、美國、日本、中國、南韓、加拿大、丹麥、南非、阿根廷與俄羅斯。表 3.4 呈現這些國家目前所提出小型機型的各類款式,表 3.5 呈現出美國對這些款式,其進展的程度與發電量。這兩個表並沒有呈現太多的細節,其目的是希望能傳達一個概念:這數年來,這樣的趨勢已經明顯地形成,核電的發展由重大投資建設大廠的概念改成了小型、組裝、快速建設的做法。

小型組裝式核電機組被看重,也引發了投資人的積極態度與行動,其原因有三。第一,已經營了數十年的核電廠,他們在建造時所需的投資金額相當高,而小型組裝機型的投資額度小很多,投資風險大幅減少。第二,原型核電廠在建廠施工所費時間甚久,大約在十年左右,因為工程浩大常常誤期又超出預算,而此類小型機型因為規模有大幅度的縮小,許多重點組件可以在設計廠家先製造完成,再運送到建廠工地組裝,可以省時省力,又可以減少施工錯誤,也更能有效地控制工程流程與建設成本。第三,這類機型可以做多方面的應用,如供暖、海水淡化、製氫、焚化核廢料等,都是因為可以更有效率地使用核能而使投資有更高的回報率。

表3.4　目前各類款式小型機型的國家

機型	開始發展國家
壓水式	阿根廷、中國、日本、南韓、俄羅斯、英國、美國
沸水式	日本、俄羅斯
高溫氣冷式	中國、日本、俄羅斯、南非、美國
熔鹽冷卻式	加拿大、丹麥、日本、英國、美國
快中子液態金屬冷卻式	日本、盧森堡、俄羅斯、瑞典、美國

表3.5　美國小型機型進展的程度與發電量

機型	發電量MWe	公司或研發團體	現況
壓水式	35 - 270	2	概念設計，開發中
高溫氣冷式	50 - 225	4	概念設計
熔鹽冷卻式	50 - 250	3	概念設計
所有快中子運作式	120 - 265	3	概念設計

3.3.3 行波反應爐

行波反應爐的原名是 Traveling Wave Reactor。這型核反應爐是一個頗有啓發性與涵義深遠的設計，因爲它的設計基礎是根據一個物理上的認知，即核能其潛在的能量有浩瀚無垠的含量，若把全世界陸上與海洋中所有的天然鈾鑛全部開採發展成核能使用，可以讓現在全世界的人口，依照美國生活水準所需的用電，持續下去達二十幾萬年，「行波反應爐」是對這項認知實施的工程方案。

這個物理上的認知須用一個例子來詳細解說。這個例子可以解釋所牽涉的物理現象，也可以描述「行波反應爐」。

在第二章用了瓦斯爐爲例子來闡述「臨界」這個物理現象，以瓦斯燃燒的連續化學反應來比喻核分裂的連鎖反應，「臨界」的必備要件是火苗、空氣與煤氣，煤氣是主要的燃料。這個例子現在把點燃的瓦斯爐改成點燃的蠟燭，臨界的必備要件改成了火苗、空氣與蠟燭。

點燃的瓦斯爐與點燃的蠟燭所描述的臨界現象與連鎖反應，在本質上是相同的。燃燒煤氣與燃燒蠟燭兩者唯一的不同的是，瓦斯的燃燒位置是固定的，而蠟燭的燃燒位置是沿著蠟燭本身，從燃料燃罄的位置向蠟燭的餘身移動。「行波反應爐」就極度類似一支燃燒的蠟燭，火苗的位置可被視爲一個符合臨界條件而進行連鎖反應的區域，只不過這支蠟燭是平躺

的，而且半徑與身長幾乎一樣，體形看似變得頗為粗大，蠟燭的材料現在全是鈾二三八，空氣被快中子代替，火苗可以被想像成中子的能量，或者可以想像成中子做介子時必須使之保持為快中子。

鈾二三八本身不具備核分裂的能力，也就無法用來當成核燃料進行連鎖反應，但是它能與快中子發生滋生核子反應，而產出鈽二三九，鈽二三九是個很有效率的核燃料，所以一切設計的重心在於鈾二三八是否能及時滋生出足夠的鈽二三九，只要能夠及時產出足夠的鈽二三九來當成核原料，而且產生出的數量與產出質量的分布能符合前面敘述的「足量」與「集中」兩大要件，而達到可以滿足「臨界」的條件，核分裂反應就可以自己持續下去。

在火苗位置，鈽二三九與快中子進行核分裂的核子反應，核分裂後又可以產生出新的快中子，這些快中子向四面八方快速竄走散去，部分快中子穿入了鄰近的鈾二三八元素，再與之發生了核子滋生反應，又產生了鈽二三九，新產生的鈽二三九可以加入下一波的核分裂連鎖反應，這樣周而復始的核分裂與核滋生兩種核反應的交互推動，可以一直使兩種核反應相輔相成，互相飼養而繼續下去，向著鈾二三八主體的方向前進，進行核分裂的連鎖反應綿綿不絕供應能量，就像一直燃燒的蠟燭，它的火苗一直保持不滅，使得燃燒保持下去，一直到燃料完全耗盡時，火苗也走到了盡頭。

圖 3.19 呈現了一個平躺的行波反應爐，好像一個平躺的蠟燭，火苗的移動視為向前進行的燃燒波。這個平躺的蠟燭，開始在左端呈圓形平面開始點燃，有了火苗，火苗於是依賴著蠟燭的燃料由左向右移動。現在把這個平躺的蠟燭代以全部都是鈾二三八的一個圓筒，由左邊截面開始，再加上一個淺薄的深度，形成一個圓盤的體積，這個薄薄的圓盤，是圓筒內鈾二三八滋生出足夠的鈽二三九以後，形成一個臨界的區域，這個區域以圓盤為主，形成一個向右伸展的波形，這波形的意義是代表核分裂反應的數量，它會沿著圓筒主軸向右呈現一個分布的曲線，而這整個波形會向

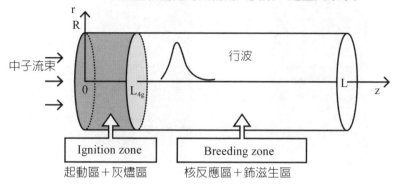

行波與駐波反應爐原理

（核燃料需同時具備兩大要素：足量與集中）

1. 行波如何變成駐波？
2. 為何要變成駐波？

圖3.19　行波核反應爐

右移動，好像蠟燭的火苗，整個圓筒內的核分裂反應如同行走的波向右移動。當然這只是一個理想的行波反應爐，沒有涉獵任何工程上的考量，在此只用核反應器物理的角度來闡明行波的概念。

　　蠟燭的燃料是一種化學的氧化反應，蠟燭本身是碳氫化合物，燃燒後，主要產物是二氧化碳與水蒸氣，散發於空中，鮮少有殘留物質，但是鈽二三九與快中子核分裂反應後會殘留許多同位素之廢料，其中高階核廢料會因為現場呈現有大量快中子，而高階核廢料很容易與快中子產生嬗變式核反應，而轉變成為非核廢料型的殘餘元素，但這些元素在核反應後會留置原地，仍須要有後續被移除的行動，才不會充斥圓筒的空間。

　　圖 3.20 呈現了一個直立的圓筒，行波移動的方向也由自左向右的方向，改成由上向下的方向。在核反應啟動一段時間後，圓筒呈現了三個主要區域，燃燒完畢殘留區、燃燒進行區與原本的未燃區。由於核分裂反應的重心區域沿著行波進行的方向向前邁進，使得殘留區愈來愈大，而未燃區也愈來愈小，顯示著核燃料的整體存量，因為持續的燃燒，或持續的臨

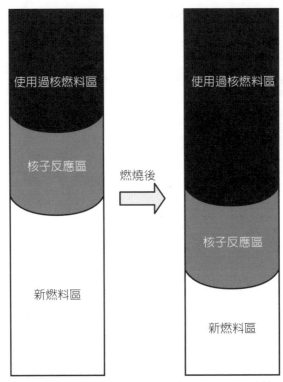

圖3.20　向下行波方向之直立行波核反應爐

界核分裂反應，有了消耗而減少。

　　駐波的發生，是因為這個蠟燭式核分裂反應的安排，在核燃料燃燒告罄後需要填充新料。此時，為了保持整個圓筒原來的體積與形狀，廢物可以由上方移出，而新原料可以從下向上填充，使得整體的材料恢復成原來開始的情況，行波波形的位置也回到原點，再重新出發，如果這樣除舊布新的動作非常頻繁，可以使行波常回到原地，而看似留在原地，形成一種駐波的現象，駐波之名也由此而來。

　　圖 3.21 呈現廢物移出，新燃料填入的安排，燃燒區的位置又回到原來的位置，可以再以行波方式向前移動。

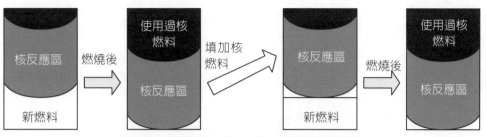

圖3.21 駐波形成依賴移除餘燼與填增燃料

　　到目前為止，一切有關行波反應爐的描述，都是出自於近十年來，有幾位學者在行波概念上做了澈底又到位的分析，他們掌握了這種情況的核反應器物理方程式，加諸於以圓筒形為主要幾何，以快中子為主要媒介，以鈾二三八為主要燃料，所規範的一個物理題目，解出了這個物理題目的數學答案，答案能夠顯示出與燃燒蠟燭一樣的行波現象，它的意義是滋生後再達臨界這兩大重點核反應，可以相輔相成使燃燒在同一燃料體內持續下去，印證了工程上初步的可行性。

　　上面舉的例子，是根據一個直立的圓筒，可以把它想像成由許多尺寸相同的圓盤，上下重疊在一起而組成的，燃燒的方向是先燃燒完最上面的圓盤後，再繼續燃燒下面一片的圓盤，也就是說燃燒的行波是沿著圓筒中心的主軸，向前移動或向下移動的。現在再把一個直立的圓筒，想像成內部的組成，不再是以由上到下一層層的圓盤重疊形成的，而是由直立的中心線，由內向外有許多環狀的管套一層層套在一起，而燃燒的行波方向，是從線狀站立的直線中心開始，向外把一層層直立的管狀殼體，依次由內向外燃燒出去，這是沿著半徑方向，由內向外傳出的行波形式。沿著半徑方向由內向外燃燒的行波反應爐，也在學術的分析上被證實了其可行性，這也是泰拉能源公司推出的行波反應爐的設計基礎與推廣理念。

　　泰拉能源公司是比爾蓋茲建立的，公司成立的目的是研發並推廣行波反應爐，以實踐他的永續能源之理念，以世界上所有的天然鈾做原料，可以替全世界提供二十幾萬年維持高水準生活品質的用電。

　　實踐這個理念所須做的工作，是需要把上面所描述的物理題目轉成工程實施的實際項目，包括了核燃料之間的冷卻液管道之設計、冷卻液之選項與研製、初步快中子來源的物理設計，與結構材料在延長其使用壽命上的選項與研發。

　　舉個細節的例子來說明所涉獵的設計工作。由於此型核子反應爐是以快中子運作為主，容易在近爐心中心的位置產生能量密度遠大於爐心周邊的情況，這樣的能量分布比較容易造成爐心的溫度比周邊高出許多，由於結構材料在耐高溫的能力常有上限，因此會限制了整體的發電量，無法隨意上升。在工程解決的方法是使冷卻液的流量在通過爐心時大過周邊的流量，於是泰拉能源公司就提出一個特別的設計，在冷卻液通過核燃料的管道時，不同的管道使用不同的流孔，藉以控制在管道內的流量，使冷卻液的流量在反應爐內呈理想的分布，而使全體反應爐的溫度分布也趨於平均，減少了總發電量的限制。

　　泰拉能源公司的設計是使行波沿著半徑方向由內向外移動，起始的燃點在爐心，爐心區域可視為細長直立管狀圓筒的幾何形體，此形體先呈臨界狀態，產生足夠的核分裂反應與快中子，多餘的快中子向外圈逸去，在外圈、環形、套管幾何形體內的鈾二三八，與之產生滋生核反應，產出足夠的鈽二三九，鈽二三九再以核燃料的身分發生核分裂，如此的核分裂與核滋生兩種核反應，相輔相成由內圈向外圈伸展出去，形成了行波的現象。在這樣的設計下，也可以安排成駐波的形成，只要把在核心中心區塊已經燃燒完畢的殘留物抽出，外圈尚未完全燃燒的鈾二三八，向內一層層移動，最後留出最外圈環狀的空位，這個空位可以填補新料，這樣的安排使得行波看似留滯原地，形成了駐波。

　　圖 3.22 呈現了沿著半徑方向的行波，可以藉著抽出在反應爐中心燃畢的殘留物，再由外圈的鈾二三八一層層向內圈移位，造成駐波現象。當然，這一圈圈的核料，可以用鈾二三八加上其他反應爐曾用過的核燃料一起混合使用，因為這些用過的核燃料，裡面尚有豐富的鈾二三八可以產生

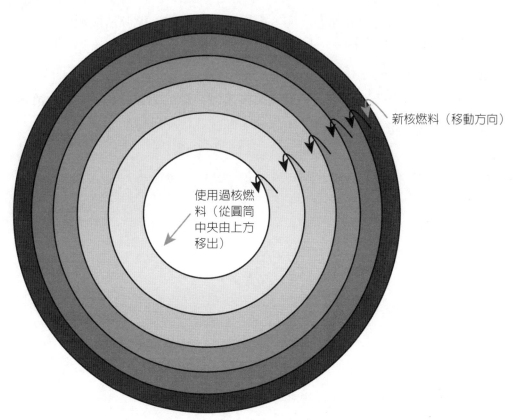

新核燃料（移動方向）

使用過核燃料（從圓筒中央由上方移出）

半徑方向駐波靠核燃料向中心移動而形成

圖3.22　核燃料向半徑方向移動

滋生反應，甚至也有剩餘的鈾二三五，雖然可能數量不足自身達成臨界，但仍然可以藉由行波帶著來的中子發生核分裂反應，幫助多生產快中子，增加全體核反應效率。

　　不論是蠟燭形態的行波也好，或者是泰拉能源公司的半徑走向的行波反應爐也好，它們的設計基礎都是以快中子為主要媒介，它的一大優點是快中子容易與高階核廢料產生核子反應，使高階核廢料經過嬗變反應後，變成非廢料元素，在行波掃過、燃燒過的核反應爐內，就不會留下高階核廢料。因此行波反應爐也有消耗核廢料的功能。

　　行波反應爐的設計理念，完全彰顯出核能的強大能源密度與蘊藏，世界上蘊藏的鈾礦如果能完全開發與應用，可使人類無虞能源匱乏。行波反應爐的物理基礎充分利用到核分裂反應與核滋生反應，兩大核反應的特點能夠綿綿不斷製造出核能，又無核廢料後患。泰拉能源公司仍在進行許多相關的研發設計、分析印證的工作，準備行波核反應爐的問世。

4.0 前言

　　核能安全這個話題包括的範圍相當廣，也屬於一個相當深邃的專業題目，這本書的目的並不希望涉入專業的深度，否則有失原意，因為專業方面的教科書、論文、法規基礎與政府的文獻都已大量存在，而且對核能安全做了非常仔細的闡述與分析，但是這些資料都屬於專業的範疇，對於廣大的非專業性的民眾而言，這題材都過於艱澀難懂，也與生活中常接觸的要件，往往呈現脫節的情形。

　　這本書對核能安全的描述，特意採用了四個重點，寄望於這樣的描述，對核能安全的觀念能夠促成迅速又腳踏實地的了解。所有的敘述也都用一些實例為基礎，做有層次、分步驟的說明，把深奧的題材化成易懂的概念。牽涉的題目有：

　　1. 什麼是安全指標？由於此題目所涉獵範圍太大，在此只選用了實例，本著言簡意賅的策略，藉以說明什麼是核電廠安全的物理性質。

　　2. 風險評估如何被使用？如何來定位核電廠的安全指標？

　　3. 獨立審查制度與品質管理架構如何能確保安全？為何核能電廠的建設、運轉與後勤需要遵循？其中到底涉獵了什麼工作？

　　4. 什麼是安全文化？如何建立安全文化？為什麼安全文化在核能安全上有舉足輕重的角色？如何檢驗安全文化？

　　上面四項就是這章採用的四個重點，用來解說核能安全的本質是什麼，到底要做什麼才能達到核能安全，而最有野心的冀望是，這章所解說的原則，可以被用來當作為一種檢查核能安全的指標。

　　5. 最後提出了一個大膽的預測，預測下次核災會在哪裡發生，以及發生的原因，也是符合了幾次核災的主要因素，這些因素仍然存在。

核安的本質

　　什麼是核能安全？或者，核能到底安不安全這個題目，其探討的方向，基本上可以分爲兩大類，第一類是探討有關核能電廠的大規模事故，第二類是有關廠房、設施、設備或裝置上的失誤而產生或外洩了超標的輻射，導致違害人身健康的事故。這兩類有共同特質，就是在硬體上、工程建設的防護都不是造成事故的主要原因，在當今，也就是在核能被應用了六十年後的今天，造成事故的主要原因，可以被歸納爲人爲因素。這一章的討論著重於核能硬體設備上一些有關安全的設計考量，建廠與運轉在維護安全方面的具體措施，也包括了這些考量與措施如果沒有執行到位的話會有什麼後果。對於人爲因素的來龍去脈有詳細的說明，也提出實際的作法，以防止人爲因素造成的事故。

　　這個章節不會包含直接認定核能是安全或不安全的立場或解說，因爲這本書不會推銷任何有關核能安全或不安全的論述，主要目的是純粹又完全的提供資訊，只闡述所涉及的各個層面的技術性涵義，冀望的是，這裡提供的資訊可以讓民眾在了解核能安全的本質後，一則能夠協心協力在國家的政策上有理性的參與，再者，又能夠在核能安全上達成成熟的認知，來監督政府在核能安全上的措施。

事故有二大類型

核事故有兩大類。第一類是有關核能電廠的大規模事故，第二類是有關設施、設備或裝置上的失誤而產生了超標的輻射，由外洩而導致危害人身健康的事故。1986 年前蘇聯車諾比核電廠的核事故與 2011 年日本福島核電廠核災，兩者都屬第一類，會被用來當作實例，穿插於許多章節中，藉以說明第一類事故所涉及的發生原因與物理特性。第二類的超標輻射導致危害人身健康事故，也有兩個實例，被用來闡述事件的成因與核安全的本質。

4.2.1 什麼類型的核能發電廠有本質上不安全的物理特性

俄羅斯現在仍存在著一個類型的核能電廠，在本質上有不安全的物理特質，那就是石墨緩衝式核反應爐機型，相形之下，西方國家設計的壓力式與沸水式反應爐機型，在本質上就有安全的物理特性，這幾個類型在前一章介紹了它們的基本特徵，在這一章裡，要用核能安全的角度來說明核能電廠的一個物理特性，可以描述核子反應器開始設計時，如何採納安全性的考量，使牽涉的核反應器物理特性可以永遠使核子反應爐呈安全狀態。

這個特殊的物理特性與爐心在瀕「臨界」時所依賴的緩衝劑的功能有直接關係。第三章解釋了「緩衝劑」對於「臨界」的條件有補助性，因為壓水式或沸水式核反應爐採用水為冷卻劑，同時也依賴水做為緩衝劑，可以促成快中子被緩衝成慢中子，慢中子容易與鈾二三五產生核分裂反應，而容易達成臨界狀態，所以水被用做緩衝劑可以保持「臨界」狀態，保持

了核分裂的「連鎖反應」，維持核能產生的穩定性。

　　一旦有了異狀，不論是外界自然災害導致的，或是核反應爐結構損壞而引起的，使得爐心得不到適當的冷卻，爐心溫度就會增高，也使其中緩衝劑的水溫升高，水溫升高使水的密度減少，導致了水的緩衝功能下降，慢中子的產量也跟著減少，使得核分裂連鎖反應也減量，核能的產量也隨之下降，這一切的敘述在指向這個物理特性會在有意外事故時，有使核反應爐有自己關機的機制，所以是一種本質上的安全。在核子反應器物理上稱這個現象是爐心具有負值的「緩衝劑溫度係數」。

　　俄羅斯的石墨緩衝式機型的安全性就缺乏這種本質。因為這種機型的物理性與上面所描述的本質性的安全特性恰恰相反，石墨的使用可以保持慢中子的供應，使得爐心不受冷卻水增溫造成密度變化，而對連鎖反應產生減量的效應，反之，水的密度變小，使得快中子通過的阻力變少，變相地增加了快中子進入石墨的數量，有助慢中子的產量，加強連鎖反應，使得核能的產量增高，於是一旦有了異狀，爐心失去了必要的被冷卻能力時，會使核反應爐情況變得更糟，呈現失控，這樣的情況，英文有個名詞稱之為 Run Away，在核子反應器物理上稱這個現象是爐心具有正值的「緩衝劑溫度係數」，是個不受歡迎的特性。

　　自然循環冷卻是另一個核反應爐的安全特質，這是針對在核反應爐關機後，雖然核分裂的連鎖反應已完全停止，不再有大量熱量的產生，但是產生的廢料仍有衰變產生的熱量，若不及時供應有效的冷卻，爐心仍會面臨熔毀的可能性。此時，若仍然有充裕的冷卻水，爐心即使沒有電力來驅動主力馬達傳送冷卻水，爐心仍然可以依靠自然循環保持水的流量，藉由這種形式的水流有效地冷卻爐心，避免爐心熔毀。

　　前面的敘述描述了兩個核電廠的安全議題，第一個議題敘述了水冷式核子反應爐由於具備能量負係數，而使原子反應爐永遠呈現安全狀態，第二個議題敘述了送水馬達失靈時，爐內會藉由上下水溫差異而形成熱脹冷縮現象，造成熱體上升，促使了自生的自然循環水流，而保持穩定的爐心

冷卻。第一個議題所涉及的領域是核反應物理方面的設計,第二個議題所涉及的領域是工程上熱傳導的設計,這兩個議題是核能電廠在諸多安全考量上,取樣來做代表性的例子,描述核能安全方面的許多議題都各有詳盡的考量,同時也間接的比較了水冷式核反應爐機型與石墨緩衝式機型,兩者在安全設計上有所不同,也因為這樣的不同,前蘇聯車諾比核電廠的石墨緩衝式機型,在本質上就缺少安全的考量。

4.2.2 輻射超標事件

除了眾所皆知的大型核事故之外,也有幾個因為有關設施、設備或裝置上的失誤而產生或外洩了超標的輻射,導致違害人身健康的事件,這類事件也屬於核能安全的範疇,在此提出技術性質的討論或描述,是要提供有意義的資訊,使大眾了解這類事件的本質、防範的措施或機制或涉及的安全原則,以便建立基礎,一則可以有能力可以影響國家政策的正確性,再者又可監督當局在核能安全的措施。

4.2.2.1 臨界事件

這是一個在業界很有名的故事,是有關一個科學家,自身受到超標的輻射而身亡的故事。1945 年 8 月 21 日晚上,在美國洛斯阿勒摩斯國家實驗室的一位科學家,名叫哈利達弗連(Harry Daghlian),他想要做一個實驗,測試鈽二三九的「臨界」特性的實驗,但是在執行的過程中發生了意外,導致「近臨界」狀況,產生過量輻射,他本人在現場瞬間承受過量輻射劑量,4 週後死亡。

在第二章討論核反應器物理的章節裡,闡述了達到「臨界」的兩大必要條件是「足量」與「集中」,也在第三章討論緩衝劑時,說明了「緩衝劑」可以把快中子減速變成慢中子,慢中子容易與核燃料鈾二三五產生核

分裂反應，所以「緩衝劑」有助於加強或維持連鎖反應，於是「緩衝劑」是「臨界」的補助因素。在這裡要介紹一項新的因素或材料，它也有補助或加強「臨界」的功能，稱為「反射體」，英文是 Reflector。

想像有一個球體，一個大約直徑是 17 公分，全是鈾二三五的球體，質量大約是 52 公斤，或者是另外一個球體，一個直徑大約是 10 公分，全是鈽二三九的球體，質量大約是 10 公斤，各自都能滿足「臨界」的二大條件，即「足量」與「集中」。用一個簡化又迅速的物理概念，可以把臨界狀態解釋為，球體內產生的中子量與由球體表面逸出的中子量，達成平衡的狀態。鈽的「臨界質量」被計算出，也被證實是 10 公斤，但是一個假如只有 6.2 公斤鈽二三九的球體，就不會達到「足量」的條件，於是球體就不會「臨界」，但若此時球體表面包了一層厚度足夠的反射體，反射體有一種獨特的特性，能夠使外逸的中子反射回球體，使球體保有足夠的中子數，也是可以達到「臨界」狀態。到目前為止的描述，正是輻射超標事件的情節。

主人翁把一個質量是 6.2 公斤、直徑約 8.5 公分鈽二三九的球體放置於在桌上，四周用了許多片鎢炭合成的長方形塊體——一種有效的中子「反射體」——圍繞著鈽球，一次一片地加入圍陣，目的是做一個物理實驗，找出要加多少片「反射體」能使鈽球達成「臨界」。不料，在哈利達弗連加了數片「反射體」後，他手上的「反射體」忽然失手滑落於鈽球上，立即形成了有足量的「反射體」包圍了鈽球，頓時達成「臨界」狀態，核能瞬間產生，估計那時剎那間產生了 10^{+16} 個核分裂反應，發出了超量輻射，當事人本身承受的輻射劑量有 5 西弗（Sievert），或 500rem，大大超過人身承受的劑量，導致當事人 4 週後死亡。

在當事人手中的「反射體」滑落到鈽球上的時候，他即時反應，用手撥開了反射體，中止了臨界狀態，遏止了連鎖反應，他只覺得在那一煞那，手有輕麻的感覺。在現場有另外一名警衛，名叫羅勃韓莫利（Robert Hemmerly），看到了瞬間藍色閃光，他坐在距離鈽球有三、四公尺的椅

子上，估計身上承受的輻射劑量是 0.5 西弗，但他身體卻仍呈健康狀態。

上面所敘述的事件，是在核能的許多安全議題中，隸屬「臨界安全」的範疇，核燃料的「足量」與「集中」，這兩個條件如果成立了，會達成「臨界」，所以核燃料棒的保存與安置必須遵守這方面的規範，著重於移除符合「集中」這一個條件，其目的就是要防止「臨界」的意外事故。美國核能學會有約二十二個專業群組，其中一個群組就是「核能臨界安全」組（Nuclear Criticality Safety Division），這個專業群組的目標就是對「臨界安全」這方面作分析計算，建立起業者可以直接又方便使用的規範。

4.2.2.2 放射性元素流失事件

1987 年在巴西的一個城市葛宜安尼亞（Goiania），發生了一個放射性元素散落事件，造成了 5 人死亡 20 人住院治療，100 多戶住屋受到影響。事件發生的原因是盜賊偷竊醫療設備，把器材視為廢鐵出售，設備中含有放射治療用的元素銫 137 同位素，在盜竊過程中，損壞了原有的安全儲存裝置，使這個具有加馬射線的同位素被壓碎，碎片流失於市區，造成約十一萬人需受輻射檢驗與追蹤，受到影響的 100 多戶中，有六棟住屋須拆除，這個事件闡明了放射性元素的儲存與管理若發生意外，會造成生命與財產的損失。

上面描述了兩個有關輻射對人身健康損害的事件，這兩個事件都涉及有人不幸死亡，也有人倖存。兩種後果完全與當事人在過程中所承受的輻射劑量有直接關係。核能安全也涉及此類屬於放射性元素保存與管理的議題，與防範超標輻射劑量的意外。

第八章會討論輻射劑量的定義、意義與其對人身健康的關係，也會詳細討論輻射的安全標準，與這類標準的科學基礎與法定基礎。同時敘述少量輻射可以增進人身免疫力的議題，這是一個新議題，書中特別加入一些有關這方面的資訊，加上廣泛討論，並以四十年前發生的輻射鋼筋事件為

實例，敘述所受影響的一萬人左右，經過密切追蹤，得到與科學性醫學上的印證，反而顯示這些受影響的人罹癌率大幅少於平均值，這只是一個例子，60 年來包括了世界各地的數據都顯示了同樣的趨勢，這促使科學界開始著手輻射劑量的重新檢討，要想知道如何設定標準才是正確。

4.3 風險評估

　　在這裡所要談的風險評估，它的全名是或然率風險評估（Probabilistic Risk Assessment），簡稱 PRA，或是或然率安全評估（Probabilistic Safety Assessment），簡稱 PSA，這是一個很實用又有效果的分析方法，它有幾個特殊又重要的功能：一，可以用來評估飛機、火箭、化工廠、火力發電廠、核能發電廠或大型生產廠房，其安全性有沒有達到標準；二，可以對相似模型的廠房或運輸工具，比較它們的安全性；三，可以找出其中內部組件對整體安全有舉足輕重的重要性。

　　美國的核能管制委員會（Nuclear Regulatory Commission），在大約三十年前開始把這個評估的方法正式採納為一個官方接受的審查機制，用來審查由核電廠送來有關任何設備設計之改變、升級或更換之申請。若核能電廠發生任何未預期的情況或事端，也會被管制官方要求做這種分析，以確認電廠安全性沒有被事件減損或降級，並可認證修護的程序與事由對全廠安全的影響。

　　在這個章節裡會用一些例子來描述什麼是或然率風險評估、如何應用、用了以後如何增加核能電廠的安全而避免事故與災難。

　　所有的電廠、化工廠、飛機、火箭等大型的機組或廠房，都有一個共同特徵，它們都裝置有成千甚至上萬的開關、馬達、發電機、電阻、電容、小型或中型的裝置，與以里數計長度的電線等，它們的作用不外是供電、控制流液、保持壓力、溫度、水位等設定值的功能，讓電廠順利執行燃燒或核反應，而產生能量達到發電的主要目的。在內部許許多多的一切組件也各自有許多不同的功能，也都一一直接或間接受到操作員的控制，而達到支援發電的主要功能。飛機與火箭也有類似的情況，內部也有成千

上萬的組件與電線，組件各自負有不同的任務，而所要支援的主要任務是飛行，燃燒的目的是產生推力。

在這成千上萬的組件中，有很大比例是與安全有關係的，有的組件在功能設計上參與了支援主要任務，也有一些組件的加入是專門防止一些可能發生的災害，這兩類組件不論是哪一類，一旦失效或受損，就有可能會引起一連串功能性的損害，或者引發了有違安全的災難，災難可能是局部性的，也有可能蔓延成整體的損毀。

或然率風險評估的方法是把所有包括在內的組件，用軟體把它們連繫在一起，根據它們各自單一的功能，與在功能上有因果關係的其他組件，不論大小，都串連在一起。圖 4.1 是一個示意圖，呈現了幾個組件可能發生的情況與這些情況的組合，如何影響到其他組件的功能，這個圖的專有名詞是故障樹，意思是說一個組件內的零件有了故障，它會影響到其他組件也造成了故障，整個布局像是樹的許多分枝，說明各個組件對其他組件，與針對這些組件形成的設備之間的關係，是由故障造成互相的影響，圖 4.2 是一個事件樹，用來描述事件的發展、各種可能性的邏輯、影響發展事因發生的或然率，這些或然率往往取自故障樹算出來的故障總值或然率數值。

圖 4.3 呈現了整個風險評估所包含各類分析的工作元素，與執行這些元素的步驟。當這個方法執行完成後，所得到的答案往往是針對這個廠房，或這類設計，或這種機型，在面臨某一特定災難，它所發生的或然率，或每年發生的頻率數。表 4.1 顯示了三個例子，用來說明或然率風險評估會產生出什麼形式的結論，這三個例子顯示出三個不同機型的核子反應爐用風險評估的方法，把所有可能發生核災時引起核反應爐受損的或然率，與反應爐受損後引起大量輻射外洩的或然率，都計算出來，表 4.1 顯示或然率的單位是每個核反應爐在每年發生這樣事件的頻率。

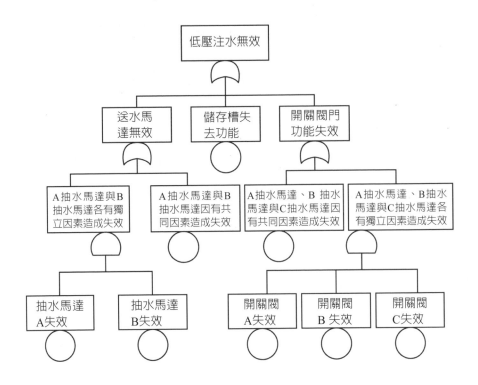

成功之定義:
冷卻水可經由任一抽水馬達把儲存槽內之
存水抽送到三個開關閥之中任一開關閥

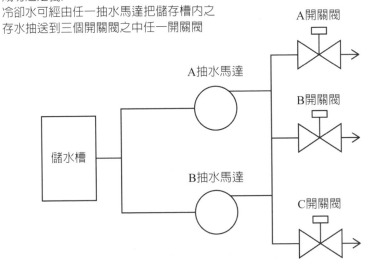

圖4.1　故障樹之解說

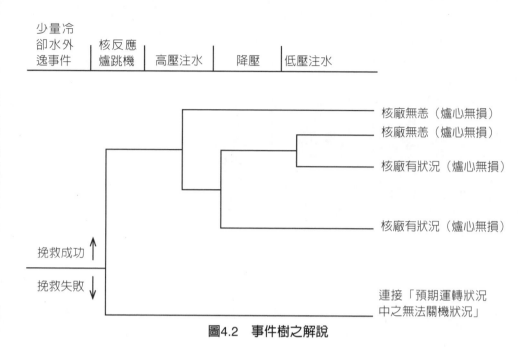

圖4.2 事件樹之解說

表4.1 各型核電機組事件頻率

核電機型	爐心損壞事件頻率 （單位：每爐每年次數）	大量輻射外洩頻率 （單位：每爐每年次數）
法國Areva公司的EPR	7.08×10^{-7}	7.69×10^{-8}
美國西屋AP1000	5.09×10^{-7}	5.94×10^{-8}
俄羅斯Rosatom的VVER	10^{-7}	10^{-8}

　　這個章節的敘述，目的在於傳達一個高層次的概念，而未涉及細節上的闡述，這個概念就是或然率風險評估的方法，已經在許多工程領域中有了廣泛與成功的應用，而且在核能安全上已經被一些西方國家納入官方審查核能電廠安全的規範，用這個方法也有效的達到評估安全的目的。這本書的重點並不著重詳細說明分析方法上的細節，但是用幾個在下幾節內所陳述的例子，闡明使用這個方法的過程與所帶來的好處，尤其在現代核能安全的領域裡，這個方法如何成為不可缺少的工具，與它所扮演的角色。

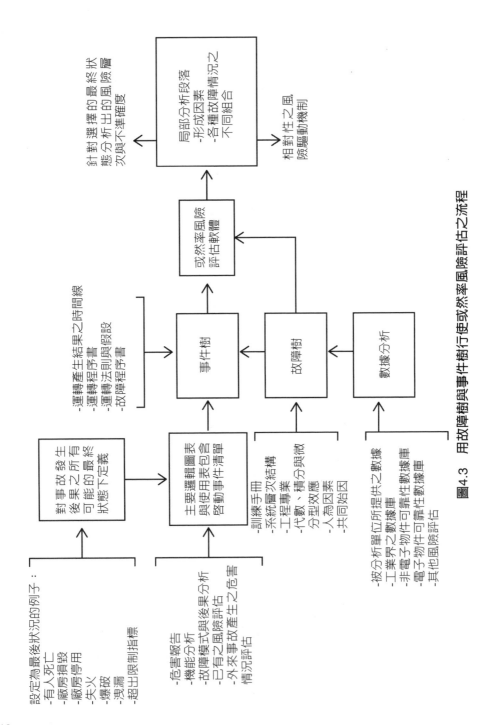

圖4.3 用故障樹與事件樹行使或然率風險評估之流程

4.3.1 兩個機組的故事

在同一個核能電廠地點，往往建設二個以上的機組在一起，而且在這二部，或數部機組的內部，都建設的一模一樣，包括了有相同的成千上萬的大小組件，而且在功能上的設計，建築上、結構上與幾何上的安排都一模一樣，因此兩個或數個機組其安全性會完全相同，經由或然率風險評估的方法，對兩個機組會算出完全相同的核反應爐受損或然率數字。

但是如果有一天，其中只有一個機組增設一套能加強安全的設備，譬如說加設一部柴油發電機，而別的機組並沒有增設同樣的柴油發電機，於是增加設備的核電機組，經過了或然率風險評估，它的安全性比其他機組高出 2.6 倍。這個數字的意義與所分析出來的內涵剖析如下。

柴油機可以挽救核能電廠所可能遇到的危機，核能電廠雖然自己可以發電，但是一旦廠內大修，填補核燃料或者面臨大規模自然災害時，如大颱風、地震，為了安全，核能發電廠會停機而停止發電，此時廠房內的用電，需要依靠廠外輸送進來的電源來維持廠內一切的運作，如維持安全設備運行、電腦操作、廠房照明等，但是如果此時，因為某種原因造成外電中斷了對廠內的供電，就產生了一個俗稱「電廠全黑」的狀態，它的英文名稱是 Station Blackout，於是，在完全依賴外電的情況下，核能電廠呈現出一個抵制災害而保護自身能力最脆弱的情況，此刻，如果廠內有一套柴油發電機可以內部自己供電，就能解除這個危機，而增加核電電廠的安全。

回到前所敘述的故事，如果一個機組增建了一套柴油機，從每一個機組各自代表的或然率風險評估的電腦模型中，可以算出每個機組發生事故造成爐心損壞的頻率，可以互相比較出加了一套柴油發電機可把安全性提高了多少。

這樣的分析方法可以把一個核能電廠的安全性，原來只是一個概念，使得現在可以數量化。上面舉的只是一個模擬的例子，在一個核電機

組內增設一套柴油機，可以使這個機組安全性高出其他機組 2.6 倍的這個故事，是要闡明幾個概念：一，或然率風險評估可以有效地用來審查一個核能電廠的安全性；二，這個方法可以把安全這個概念量化；三，量化的好處是，可以用這方法來判定添加什麼設備或設計上如何改變，可以在安全上有實質的增強。

4.3.2 四個或二個噴射引擎哪個更安全？

這是另外一個故事，用來描述其他工業上如何應用或然率風險評估來增強設備的安全。

一般人常有的想法是飛機上若有兩個螺旋槳，總會比只有一個螺旋槳要安全些，因為，當一個螺旋槳失靈時，還有第二個螺旋槳，就可以有更大的機會撐到降落，這個想法的邏輯是正確的，於是一般人在開始的時候，會覺得有 4 個螺旋槳就會更安全，這是一個很有邏輯性的想法，當航空業者在設計新型飛機時，用了或然率風險評估的方法來檢查這個概念，但一旦用在一個真的飛機實體時，卻得到卻與所預期不同的結論，原因是這樣的。

原來，在機翼左右各一邊都有兩個噴射引擎時，這兩個噴射引擎都依賴共有的線路，用著共同的油管與共有控制機制，當其中一個噴射引擎發生故障時，因為兩個引擎共同性的緣故，往往也在短時間內，第二個噴射引擎也會發生故障，所以同時有兩個噴射引擎的安排，在這個情況下，並沒有得到所期待的雙重保護效應，還不如減少一個噴射引擎，在左右機翼各一邊只用一個噴射引擎，只要對個別噴射引擎加強它的材料品質與控制能力，增加防護災害的設計，雖然一個飛機總共少了兩個噴射引擎的設計，但是它的整體安全性卻增加了不少。

這個例子描述了飛機工業如何應用或然率風險評估來做增加安全性的

設計。

4.3.3 賭徒的錯

或然率風險評估算出的答案，常常用來表達核能事故發生的頻率，它的單位是一個機組每年出事的頻率，參照表 4.1 的例子，數字都在 10^{-7} 左右。這個數字對從業人員的應用上，認定是一個很小的數字，而認證這個機組是安全的。但是這個數字的意義卻被非專業人員有了不同的解讀，認為一個或然率不是零的數字，就代表了事故的發生仍有可能性，於是就認定核電廠仍然不是百分之百的安全，或者視為不安全的，然而這樣的解讀並不正確，下面的討論是針對這個想法提供更多的說明，藉此澄清或然率風險評估必須如何使用才正確。

4.3.3.1 是機制不是賭運

玩撲克牌有一種遊戲，每人手中發五張牌，決定輸贏須依照一些規則，譬如五張牌中有一對數字相同的牌（俗稱一對），能夠贏過手中完全沒有對子，沒有三張數字相同（俗稱三條）或四張數字相同（俗稱四條），或沒有可以排出五個順序數字的牌（俗稱順子），若手中有兩對數字相同的牌（俗稱兩對），就贏過手中只有一對的牌，而手中有三張數字一樣的牌（俗稱三條），就贏過手中有二對的牌，而順子贏過三條，四條會贏過順子。

上面描述撲克牌輸贏的規定，是根據計算出來的或然率而得來的，在數學上，手中持有五張牌時，三條出現的或然率比二對出現的或然率小，所以三條勝過二對，順子出現的或然率比三條出現的或然率小，四條出現的或然率更小，它們輸贏的規定是根據數學上的或然率而形成的一種機制，出現或然率小的牌贏過出現或然率大的牌。

現在回頭再討論用或然率風險評估審查核能電廠安全的意義。當非專業從業人員認為 10^{-7} 雖然是一個很小的數字，但是因為它不是零，所以仍然存有核事故的可能性，因為從賭博的觀點，誰會知道下次手中拿到的一副牌，會不會是全輸或大贏的牌，如果運氣不好，核事故仍然會發生。但是，這樣的觀念是錯誤的，因為這是從賭徒的賭運觀點來看這個議題，真正的或然率風險評估的基本出發點，與賭徒的賭運沒有關係，核能電廠安全的判定與審查，是建立在以或然率為基礎的機制上，而不是用賭運來看這個議題。

所以即使某個機型用了這個評估方法，計算出了針對這個機型會發生核事故的頻率，是個很小的、但不是零的數字，這個數目不代表一個賭徒的賭運，而算出的數字是相當於撲克牌遊戲用來決定輸贏的機制，是一個有條理可遵循的，有科學層次方法所建立的一個機制，被採用後所算出來有關安全或不安全狀態的量化指標。

4.3.3.2 風險值當指標用

因此或然率風險評估所計算出來核事故的頻率，是針對某一個特定的核能電廠機型，每年所發生事故的次數，也就是發生的頻率，這個數字不符賭徒的賭運概念，而是一個具有安全指標的概念。這個指標的應用，經過了幾十年的印證已趨成熟，而形成二個共識：一，這個算出的指標可以用來比較各類機型的安全性；二，當爐心受損小於 10^{-4} 時，它的安全指標是可以被接受的，而大於 10^{-3} 時，就表示它的安全程度不夠，對於大量輻射外洩事故的頻率要求是要小於 10^{-6}。

4.3.3.3 核安法則定為準則

當一個核能電廠在改變內部設計時，需事先得到國家管制核能安全機構的許可才可以進行，核能電廠可以採取或然率風險評估的方法，針對某

些組件的改變計算出核事故發生的頻率，如果不會因爲有改變而增加，就可以獲准進行改變。

當廠內的組件因爲年久失修或遇到外界自然災害，導致電廠被迫關機或引發未預料的情況時，用這樣的評估方法可以掌握電廠安全被威脅的程度與詳細的內涵，以便供給改善安全的方式與程度。

4.3.3.4 福島與女川兩個核電廠下場不同

在前面的一個章節裡，闡述了什麼是「電廠全黑」，而地震與海嘯引起的「電廠全黑」在三十多年前就被分析過，而且被認定是對核能電廠有風險甚高的自然災害。日本的核能工業界，一直沒有全面採用或然率風險評估做爲檢視核電安全的工具，在日本有十多家電力公司，其中安全文化最高的電力公司是東北電力公司，隸屬日本東北電力公司的一間核能電廠是女川核能電廠，它的機型與福島核能電廠相同，但是，日本東北電力公司具有高度安全文化，備有深入的安全意識，自動自發進行了女川核能電廠的或然率風險評估，導致了女川核電廠了解到自身的弱點，認識它在安全防範上確有不足，於是費時多年在設備上做了許多安全上的改進，包括了把重點設備遷到高地、鞏固建物、增強材質等實質上的安全改進。

2011 年 3 月 11 日，在日本福島核能電廠的外海，發生了強烈地震引發海嘯，海嘯衝擊到海岸邊的福島核能電廠，地震的發生，必然導致核子反應爐關機，地震震斷了外電來源，海嘯摧毀了廠內的柴油發電機，造成了電源缺乏，只能依靠原地設置的大型電瓶供電給廠內各類設備。電瓶在使用了十幾小時後用罄，就進入了名符其實的「電廠全黑」狀態，這個狀態持續了一天多，因爲廠內沒有電力，就無法轉動馬達來傳送冷卻水進入核反應爐，爐心受熱形成熔漿，流到裝置核反應爐的金屬壓力殼底部，熔穿了金屬殼，在福島核電廠共有六部機組中，有三部機組都發生了爐心熔毀的情況。

同時，部分核燃料的棒狀金屬外殼，在異常高溫狀態與水蒸氣產生化學反應，產生大量氫氣，氫氣逸走四處，遇到高溫引起爆炸，炸毀了覆蓋所有設備的鋼筋水泥建築。

也在同時，同一個海嘯也衝擊到不遠處，也在海岸邊的另外一個核能電廠，女川核電廠，在女川核電廠這個地點，地震震幅也很強，震斷了五條中的四條引導外電入廠的電纜，由於仍有一條電纜供來外電，女川電廠就沒有進入「電廠全黑」狀態，安全渡過海嘯的來襲。

這個實例代表了幾個重大意義，一，或然率風險評估這個分析方法，它的效果是完全被印證了；二，它的使用，可以在核能電廠的安全上達到保護作用。女川核電廠的故事也有另外一個重大的意義，它是一個「安全文化」的典範，在下面的章節裡，有詳細的說明。

品質保證與ISO

有些與安全有關的產品，在銷售時，店家或廠商有時會刻意加上一些標示，例如騎摩托車所戴的安全帽，會用「ISO9001」或 ISO 加上其他的數字之類似的牌子放在產品旁邊，這種做法是告訴顧客，這個產品的製造有遵守國際品質管理的程序，ISO 這個縮寫代表三個字 Internationals Standard Organization 國際標準組織。這個組織總部在瑞士，有一百六十多個會員國，它的成立宗旨與任務，是設定品質規範與執行規範所必須具備的原則。根據規範與原則，生產與製造廠商需擬定品質可以被保證的製造程序，所牽涉的程序可以包括生產線檢驗機制、促成組織結構達健全性的規範、操作上第三者獨立性審查的編制、成品品質檢驗之規範與程序等。

一個廠商如果要標榜自己的產品達到國際設定的品質標準，往往會直接或間接加入 ISO 這個組織，遵循這個組織設立的規範，藉此訂定生產線品質管理的程序書與組織架構的規範，公司內部也會訂定品質管理的制度，並付費給 ISO，請這個組織定時稽查，稽查包括了審查所有訂立的程序書、公司架構與程序執行上的確實性，通過稽查後，可得到ISO認證。這樣的做法一則可以達到保障品質的目標，再者，在市場上也有宣傳的效果，當然為了保障品質而執行這一切會增加產品的成本，所以要確保產品品質，是需要付出代價的。

ISO9001 在這裡只是當做一個例子，針對不同的工業應用或不同的技術領域，各有不同的 ISO 規範，例如 ISO14001 是針環境要求的規範，ISO12001 是針對機械躁音的規範。近年在針對核能安全的題目上，對公司或組織也有專業規範，即 ISO19443，就是對核能產品供應商所設定

的，以確保核能安全。

以上所討論的是針對許多不同的工業、行業或專業，它們各有各自品質管理的原則與規範，有了原則與規範，在這個行業的公司或專業機構就有所遵循，而能夠各自制定一個適用於自身的程序，使產品或操作上的品質得到恰當的管理。一個核能發電廠的建造商在建設一座核電廠時，所遵循的程序不一定與電力公司在改善核電設備的程序是相同的，雖然，它們都遵從同樣的核能安全規範，但是大家都有一個共同性，那就是，所有執行的步驟上，都必須遵守有文字的程序書，雖然會有許多不同的程序書，適用於不同的任務或產品，但是程序書與執行程序所產生出的文件與紀錄，都是品質管理上重要的工具，不可等閒視之。

4.4.1 獨立審查與適當體制

在執行品質管制的任務，或根據品質管理程序來製造產品時，所持的重要因素有兩個，第一個因素是，許多重要步驟要有第三者的獨立審查與認證，以確保步驟被執行到位；第二個因素是，機構的體制內需有保障執行獨立審查的機制，以杜絕獨立審查的工作流於形式。

4.4.2 拼裝車的品質

世界上幾乎所有的產品都是拼裝的，拼裝的意思是，任何一個產品裡面的組件，往往是由不同的製造業者供應的，製造產品的廠商，也就最後產品的完成者，負責了這個產品的設計、規劃與拼裝的過程，世界上很少有產品，其內部的組件或材料是完全出自一個製造商的。

一個核能電廠的設計與建造，所需要的組件或材料，也都是來自不同

的廠家，負責設計與建設總體核能電廠的公司，必須遵循其內部已經制定的、符合品質控管原則的程序，來執行設計的工作與建廠的任務，而且在完工後的檢驗也都必須符合品質控管的程序，這種程序包含了各個組件品質的檢查認證，也包括了所有組件組成了最後成品，以及全體的材料、結構與功能上的驗證。所以由不同來源的組件來組裝成一個產品，或建設一個核能電廠，是使用了嚴密的品質控管程序來達到所要求的品質，也對核能安全有了保障。

4.5 安全文化

　　安全文化對於核能電廠安全是一個極其重要的因素，一個核能電廠若已經成功的建立安全文化，這個核電廠就不容易發生嚴重事故，換言之，一個缺乏安全文化的核能電廠，就存有發生嚴重事故的可能性。這樣的陳述是有基礎的，原因有三：第一，現在的核能電廠其硬體有了幾十年的運轉與改進經驗，經過必要的加強措施，基本上已經沒有安全顧慮。第二，兩次發生在核電廠的大型災難都是人為因素，與缺乏安全文化有直接的關係。第三，核能電廠面對了可能發生的災難，卻安然度過危險，也是因為該核電廠有高度的安全文化。

　　先用一個具體的例子來解說什麼是安全文化。在一個先進的國家裡，自己開車時，絕大多數人都會自動先扣上安全帶，開車繫安全帶是一種安全文化，有高度安全文化的國家，自己開車時，駕駛人會自動扣上安全帶，所載的乘客也會自動扣上安全帶，成年人會自動做這個動作，少年人也會，開私家車會扣安全帶，坐巴士也會。警察看到有人開車沒用安全帶，必然會開罰單。

　　但是有的國家卻沒有形成這樣的安全文化，於是在高速公路上的車禍，仍然有人會因為碰撞而飛出車外造成死亡，一輛巴士自高度不深的懸崖墜落，仍然造成數目可觀但不必要的死亡，因為安全帶造成的差異在於完全安然無恙與輕傷之別，或者輕傷與死亡之別，這一切的差別，都在於一個國家有沒有形成乘車使用安全帶的安全文化。

　　往往一個國家已經有了用安全帶的法規，但是在安全文化成熟形成之前，執法人員無心執法，而當有部分民眾，駕駛時有意使用安全帶時，卻面臨在場其他人的壓力而放棄使用。當安全文化成熟的建立後，這種情況

會恰恰相反，大部分人已有安全意識，而在車上必用安全帶，也會直接或間接影響到原來沒有使用安全帶的人，而變成人人都在車上使用安全帶，沒有使用安全帶的人反而視爲異類。

當一個核能電廠建立了成熟的安全文化，會在所有設備檢驗工作或運轉操作上，都因爲全體員工在安全意識上有了共識而能完全執行到位，在上層管理人員也會因爲注重安全，而會在工作分配、人事布局、經費準備上，投入了必要的考量以保障安全，對工作人員在保障安全上的執行上也會給予支持，使得全廠執行安全的程序不會流於形式，而促成實質的安全。

上面有一個章節談到福島與女川核能電廠有不同的下場，都是因爲女川核電廠具備了高度安全文化，自發使用或然率風險評估方法，分析出地震與海嘯的危險性，確認了核電廠的弱點，於是費時數年工夫改善設備增強防災能力，於是在實質上有效的增加了安全性，所以當海嘯來襲時，電廠得以避免浩劫。

在安全文化上，福島核能電廠卻呈現相反的情形，因爲缺乏安全文化，即使有了安全設備或建設海嘯牆的預算，也不會積極考慮執行，因爲缺乏安全文化，就沒有採用或然率風險評估來了解地震與海嘯對核能電廠的威脅與可能帶來的災害，更沒準備解救危機的方法，所以海嘯來襲時無法倖免於難。

4.5.1 人爲因素

安全文化與人爲因素是一體的兩面，一個社會、一個系統、一個機構或一間電力公司，或一間核能電廠，要檢查它們有沒有安全文化時，是要檢查所有參與的人員有沒有安全文化的意識、認知與認同，對一個體系若要有系統地建立安全文化，必須在建立起相關的體制後，對於所有的參與

人員施以宣導與教育，達到全體人員都有認知的目的，並附設獎懲制度，以確保實質的效果，這一切的設計都是針對參與的人員，因為人為因素才是安全文化的主要元素。

4.5.2 如何檢查安全文化

核能電廠的安全措施包括與設備、程序與操作能力有關的，都需要被國家的核能安全管制構關構認證與核准，核能電廠被管制機構核准後才可以運轉。一切有關設備、程序與操作都有明文的規範，而一切規範的遵守與執行，也都是需要經過國家的管制機構之檢驗與認可。

安全文化是能促成又能保障核能電廠安全的重要因素，但是安全文化卻是一個很抽象的概念，在這裡再用一個例子，也是前面章節已經敘述過的同一個例子來解說如何判斷一個核能電廠有沒有安全文化，或者其安全文化成熟到什麼程度，這個例子仍然是日本東北電力公司的女川核能電廠。

女川核能電廠有高度的安全文化，在 2011 年日本福島電廠核災發生之前的多年前，主動的、並非在管制機構的要求下，採用或然率風險評估，計算出地震海嘯對它們安全不可輕忽的威脅，繼而改善安全設備的安置與材質，包括把設備向內陸與高地遷移，增強緊急設備的抗震材質與設計，海嘯在福島造成了世紀性的核災，而同一個海嘯也抵達女川核能電廠，卻沒有造成損害。

女川核電廠的安全文化，更能在災後的安全防護上完全反映出來，海嘯發生在 2011 年，而女川核電廠的海嘯牆在 2015 年完工，這是一個高規格的工程，在短短幾年完成，展現出日本東北電力公司有高度的安全文化。

檢查或驗證安全文化可以使用一個指標，那就是一間核能電廠，或是

另一個性質不同的系統，如果執行者所做到的是超越管制機構所要求的，就是一個有安全文化的電廠或系統，所超越的程度可以用來劃分安全文化的層次、級別或成熟度。福島核災發生後，有許多其他的核能電廠，了解到海嘯牆的必要性，其所隸屬的電公司也通過了預算而可以付諸行動進行建設，但是卻遲遲沒有行動，當然這種情況並未違法，但是與女川核電廠相比，在安全文化上有顯著的不同。

　　沒有安全文化的核能電廠對安全法規的執行，會低於管制單位的要求，不只會反映在因為違規導致行政懲處的頻率上，也會顯示在廠內發生事故的次數上。

下次世紀大核災

　　下次世紀性大核災發生的地點，會在一個體制或政治結構無法執行獨立檢查與驗證等品質管理程序的國家或社會中。這個定義或定位，可以用下面的一個實例來詳細說明，這就是 1986 年前蘇聯時代發生的車諾比核能電廠爆炸事故。

4.6.1 前蘇聯核災的原因

　　前蘇聯的石墨緩衝式核子反應爐，本來的設計就不是安全性很高的機型，在前面的一個章節中也描述它不安全的物理原因，但是因為這樣的設計，除了以發電為目的，有其生產鈽二三九的另外目標，也是因為這些因素的存在，工程師在設計上多加了一些特別的核控制棒，作用是在連鎖反應趨向失控的情況時，這些控制棒可以吸走更多的中子，抑制核分裂反應，中止臨界狀態，使核反應爐安全關機。

　　在車諾比核電廠出事的前幾個月，因為有些設備做了些改進，在程序上需要做一些實驗，以驗證設備的功能可以達到已設定的目標，但是所有的實驗都失敗了，這個情況對整個電廠安排的工作造成進度落後，整個事故詳細的來龍去脈都栩栩如生的重現在 2019 年 6 月 HBO 製作的一部電影裡，片名就叫《車諾比》，電影的情節也與實情符合。

　　都是因為當時電廠的管理階層是一位黨委書記，因為他調職去他處，他利用這個空缺的機會，對一位廠內地位如副總工程師的技術人員，示意他可以接此空缺，但希望這位廠長級人士可以做一些努力，讓實驗的進度能夠跟進，核災的主因就出在這人的私心，為了自己的仕途做了一連

串違反安全程序的操作，釀成大禍。

在 1986 年 4 月 25 日晚上他召集了控制室的操作人員進廠開始做實驗，繼續上次失敗的實驗，希望這次可以成功。但是由於此類機組的特性，需要停機一段時間，使核反應爐恢復穩定狀態以後才可繼續開機，但是當事人執意進行實驗程序，把核反應爐功率提高，使爐心進入了不穩定的危險狀態，他也刻意忽視特別為這類機型製作的加強安全性控制棒，當許多儀表顯示的讀數已經進入危險範圍，廠中的警告系統也發出警報聲，數位化的電腦判斷系統也出示警訊。這一切卻都被當事人刻意迴避，同時，他的下屬也指出他的命令違反了安全程序，卻被當事人以言語以脅迫，必須遵守他的命令以保障自己的工作。最後核反應爐承受不住高溫高壓的狀況，導致爐心內的水蒸氣爆炸，炸毀了建築物，使爐心內的高階輻射物噴出原來的裝置，而落於廠房四周。

4.6.2 下次核災在哪裡？

HBO 拍的電影，《車諾比》是一個小型影集，成功地描述了實際的核災情況與當時的社會與政治背景，影片也完全呈現出核災的慘烈，製作人克瑞格‧竹仁（Craig Zurin）被媒體訪問時說，他不是反核，他是反體制。

核能安全的監督與維護，需要遵守安全程序，並且必須依賴第三方獨立審查的機制來執行安全程序，而真正能夠建立一個制度，實施第三方獨立審查的機制，又必須要有一個政治體制，能夠完全實踐制衡的功能，而使獨立審查的機制能夠存在，缺乏這樣的體制是無法實施獨立審查機制，而確保真正的核能安全，要預測下次發生核災的所在地，就會是一個沒有體制而又大規模發展核電的地方。

4.7　如何做到核能安全

　　要做到核能安全，必須要排除造成核災的人為因素，因為現代核能發電的技術、硬體設施、操作程序與經驗都已達到成熟階段，唯有人為因素尚未完全被掌握，前蘇聯車諾比的核災是人為因素，是一種因為某類型政治體制的存在而發生的人為因素。日本福島核災的主因，也是出於人為因素，是一種未能掌握或然風險評估為手段，又未能形成安全文化的人為因素。

　　美國是一個核電大國，核電的管制機構，核能管制員委員會（Nuclear Regulatory Commission），也頒示了安全文化的規範，見表 4.2。一個關注全世界核能發展與安全的機構，國際原子能總署（International Atomic Energy Agency）也公布了可以遵循的核能安全十大原則，如表 4.3 所示。這意味著人們已經熟知了安全防護的程序、健全組織的建立與設備品質的強化都能確保核能安全，但是有些國家內仍然存在著人為因素，在這些人為因素沒有完全摒除之前，風險仍然存在。

表4.2

美國核能管制委員會安全文化規範
1.領導人需有安全價值觀與並能採取行動
2.能夠及時發現安全問題並解決問題
3.員工人人以安全為己任
4.工作程序包括計畫與控管，以確保安全
5.不停止學習
6.設立檢舉機制保障檢舉人免於被報復脅迫與歧視
7.溝通上注重安全議題
8.大家互信互相尊重
9.避免過度自信保有質疑態度

表4.3

國際原子能總署核能安全準則
準則1：安全責任
準則2：政府角色
準則3：安全管理與領導能力
準則4：設備與工作項目之依據
準則5：安全防護之優化
準則6：降低個人風險
準則7：這一代與下一代的保護
準則8：事故防範
準則9：危機處理與事前準備
準則10：降低現有規範與非規範輻射風險之防範措施

如何做到核能安全所牽涉的範圍極其廣泛，但是若針對現代核能發展的狀態，防範核災所需要做的是：

1. 核能管制機構必須是一個獨立單位，不可隸屬任何行政單位。美國核能管制委員會的主管由總統直接提名，經費來源也保有其獨立性。

2. 注重安全程序上的審查，在審查的執行上必須具備不流於形式的獨立性，也須完全避免政治干預，也須與國家能源政策或對電量需要所涉及的作業，完全分開。

3. 積極建立核能安全文化。

4. 設立獨立審查驗證安全文化之機制。

核燃料

　　世界上最常用的核燃料是鈾二三五與鈽二三九，這本書的討論也以這兩種燃料爲主，當然，鈾二三三也會是另外一個好選擇，但是它並未被廣泛使用，沒有進入主流市場，所以對鈾二三三只做一點簡潔的敘述，並呈現在下面的一個章節中。

5.0 什麼是核燃料？

　　只要具備核分裂能力的元素基本上都可以用來做核原料，來進行核分裂反應，生產核能。但是有許多這類的元素並沒有被採用為核原料，其二大主要原因是：一，產生連鎖反應所臨界質量太大，不容易設計出以它為主的核反應爐；二，來源並非出自天然礦石，需經由核反應製成，無法大量生產，生產過程複雜，成本過高，費時太久。

　　表 5.1 列出幾個元素為例子，它們原則上都可以有核分裂的能力，但是能夠同時滿足上述兩個條件的元素並不多，表中呈現它們的臨界質量，雖然原則上臨界質量愈小，愈容易達到臨界，但是也有不少臨界質量小的元素並沒有被普遍採用當做核燃料，是因為它們的生產過程偏於複雜，成本過高。

表5.1 元素臨界值

元素	半衰期（年）	臨界質量（公斤）	臨界直徑（公分）
鈾233	159,200	15	11
鈾235	703,800,000	52	17
錼236	154,000	7	8.7
錼237	2,144,000	60	18
鈽238	87.7	9.04	9.5
鈽239	34,110	10	9.9
鈽240	6,561	40	15
鈽241	14.3	12	10.5
鈽242	375,000	75	19
鋂241	432.2	55	20
鋂243	7,370	180	30

元素	半衰期（年）	臨界質量（公斤）	臨界直徑（公分）
鋦243	29.1	7.34	10
鋦244	18.1	13.5	12.4
鉳247	1,380	75.7	11.8
鉳249	0.9	192	16.1
鉲249	351	6	9
鉲251	900	5.46	8.5
鉲252	2.6	2.73	6.9
鑀254	0.755	9.89	7.1

核燃料哪裡來？

核能發電已有六十年的歷史，幾乎所有核反應爐用的燃料都是鈾二三五、鈽二三九，或兩者之混合體，這兩種元素製造的方法會有原則性的敘述。近年有第三個選擇的核燃料也受到廣泛關注，就是用釷二三二在核反應爐內滋生鈾二三二，再利用鈾二三二核分裂的能力，把它當做一種主要核燃料，這一章也會有以釷為核燃料的討論。

5.1.1 鈾二三五哪裡來？

鈾二三五是從天然鈾礦提煉出來的，天然鈾礦含有 0.72% 的鈾二三五，其他的成分是鈾二三八，鈾二三五有核分裂的能力，所以可以被用來做主要的核燃料，鈾二三八卻沒有核分裂的能力，無法達到臨界狀態保持連鎖反應，所以不能直接當成主要核燃料。有的核電廠的機型設計，需要更高成分的鈾二三五，例如壓水式核反應爐機型與沸水式核反應爐機型所採用的核燃料，其中的鈾二三五成份大約在 4% 至 5% 左右，所以為了要增加鈾二三五的濃度去配合這類機型所需要的鈾二三五濃度，或者其他機型所用的更高鈾二三五濃度的核燃料，天然鈾就需要經過增加濃度的加工過程，增加鈾二三五的濃度。

現在世界上最常採用來增加鈾二三五濃度的方法是使用氣體分離機。氣體分離機的原理是，當不同分子的氣體混合在一起時，共置於一個圓筒體內，使圓筒呈高速旋轉，則分子重量高的氣體趨向外圈分布，分子重量低的氣體趨向內圈，使得分子重量不同的分子得以分離。

鈾礦礦石的化學成分是氧化鈾，氧化鈾先經過化學處理，使得氧化

鈾轉變成氟化鈾（UF_6），氟化鈾是氣體，適用於氣體分離機，在分離機中，主要目的是分離氟化鈾中的氟化鈾二三五與氟化鈾二三八。所依賴的物理原理是這兩者的分子重量有一點小小的差異，氟化鈾二三八因容易留在半徑較大的旋轉軌道上，氟化鈾二三五就有偏移圓筒內圈的傾向。圖5.1呈現一個氣體分離機，圖中近中間的直管是用來輸送出被分離後的氣體，分離後的氣體氟化鈾二三五含量增加。

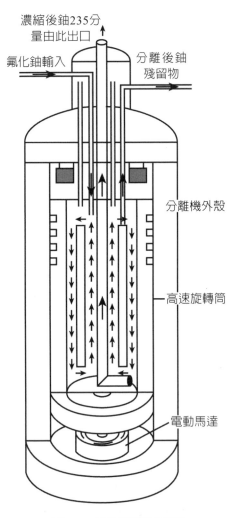

圖5.1　迴旋氣體分離機

　　氟化鈾二三五與氟化鈾二三八兩者的分子重量很接近，這個方法分離兩者可以奏效，但是單一的分離效率有限，必須採取再分離的設計，把由直管輸出的氣體，再輸入下一個分離機，再重複分離的機能，形成層級的串聯，達到分離後再分離的效果，多一次的分離就多一次增加鈾二三五分子的濃度，而最後達到預定的濃度目標。

　　沒有經過核子反應的鈾礦石，本身有的輻射性很低，只要沒口服入體內，從鈾發出的輻射粒子因為是阿伐粒子，很容易被人體皮膚阻擋它進入體內，所以危害甚低，意味著氣體分離機運行提煉鈾二三五或增加其濃度的過程，是在輻射很低的廠房內進行的。提煉鈾二三五所需的氣體分離機的運作，還有另一特色，就是廠房體積龐大，其原因是，為了增進提煉濃縮鈾的效率，廠房需要許多有氣體分離機串連在一起，形成一連串層級式的作業，因此必須建立體積龐大的廠房，容納成串的分離機。

5.1.2 鈽二三九哪裡來？

　　自然界不出產鈽二三九，必須從核反應爐中經由核反應產生。其主要管道是以沒有核分裂能力的鈾二三八為原料，在一個核子反應爐內有許多快中子，很容易與鈾二三八產生核子反應，一個快中子與一個鈾二三八原子核結合成一個鈾二三九原子核，鈾二三九自己會衰變，經過大約 24 分鐘，會變成一個錼二三九原子核，再過大約 57 小時會再衰變，形成鈽二三九原子核。

　　因為鈽二三九是在原子爐內生產的，取出所有過程必須要有防護措施、設備與廠房，因為鈽二三九產生的地方都有高階核廢料，因為在充斥著許許多多中子穿越的地方，如核燃料棒內，中子與鈾二三八同時產生了許多不同核反應，其中產生鈽二三九的核反應，只不過是成千上百個不同核反應中的一種核反應而已，其他核反應會產生許多輻射強度不同的副產

品，也包括了高階核廢料，高階核廢料的特質與處理方法會在下一個章節有專門解說。

生產鈽二三九的基本概念是，這個元素在自然界不存在，而是必須在原子爐內經核子反應，用中子與鈾二三八的核子反應生產出來的，而這個核子反應的效率與中子在核子反應爐內的能量有關，快中子就比慢中子容易進行這種核子反應。有些核反應爐機型除了以發電為目的之外，又有生產鈽二三九為第二目的時，所設計的核反應爐就會刻意設計成增加快中子對慢中子的比例，譬如石墨緩衝核反應爐與重水反應爐裡面的快中子比例較高，常常兼負生產鈽二三九的任務，壓水式核反應爐與沸水式核反應爐內是以慢中子為主的設計，所以這二者機型在鈽二三九的產量上，會少於前二者的機型。這四種核反應爐的機型都已在第三章內解說過了。

一般發電的壓水式核反應爐，平均發電一年後，在爐心可以產生大約 160 公斤的鈽二三九，如果提煉出來可以做為快中子增殖反應爐的核燃料，或者再回收與鈾二三五混合成再生核燃料，送回原來的核反應爐當做原料發電，這種混合的再生核燃料有一業界常用的名稱，叫做「混合氧化物」，英文是 MOX，其意為 Mixed Oxides，因為鈾二三五與鈽二三九在核燃料的化學形式是氧化物，即 Oxide，而非原來的金屬態，法國是投入這方面回收的先驅者，從使用過的核燃料中提煉出鈽二三九再做回收用使用，已有數十年的歷史。

5.1.3 釷二三二與鈾二三三

鈾二三三是第三類核燃料，它有與鈾二三五與鈽二三九類似的核分裂能力，達到符合臨界條件時就可以維持連鎖反應，但它一直沒有被廣泛使用。近年來，基於它的特色，常常被建議開始採用，一些國家也對它做了有規模的研究，它的效益與研發的成果也常被報導，在這裡也會對它做一

些解說。

有一些國盛產釷礦，釷是 Thorium，它含的同位素有釷二二七、釷二二八等一直到釷二三四，而釷二三二占全部同位素的 99.98%，這是一個好消息，因為釷二三二放在核反應爐內與中子產生核子反應，可以產生出鈾二三三，這正是第三類可以做核燃料的元素，所以釷元素在核能發電的領域中，也有一席之地。

印度有蘊藏豐盛的釷礦，所以印度在這近幾十年發展核電技術，都是以鈾二三三為主要燃料的設計，因為用釷做為初始的原料可以產生鈾二三三，再以鈾二三三為主要核燃料，繼續在核反應爐內持續使用，這樣的物理過程依賴快中子多過慢中子，所以印度在這方面做了許多研發，並且獨自發展快中子增殖核反應爐，與傾向快中子的重水核反應爐，都是要配合發展以鈾二三三為主的核電技術。

印度依靠釷礦做為核能主要燃料來源是一個合理的策略，因為印度是一個人口眾多的國家，有大量能源的需求，依賴自產的釷礦為核能發電燃料，展現一個實踐能源獨立自主的藍圖，是一個合理的能源政策。

用釷礦為主要原料，把它放在核反應爐，經過核子反應來滋生鈾二三三，再當做主要核燃料的這個過程，有個專業名詞，叫做「釷循環」（Thorium Cycle）。釷循環近年受到不少關注，也有不少這方面的研究發展與設計分析，都在近幾年問世。

釷循環近年受到關注有另一個原因。十多年來，許多研發團隊推出了一些新世代的核反應爐機型，他們的設計趨近成熟，尤其近年許多商業團體準備把一些小型組裝式機型（Small Modular Reactor）商業化，其中有一個受到矚目的機型是熔鹽冷卻型（Molten Salt Reactor）。在前面的一個章節有提到，使用熔鹽為冷卻液的諸多設計版本中，有一個設計是把核燃料與冷卻熔鹽共同熔融一起成為共融晶體液，這樣設計的優點是，液態容易導出核反應爐爐心，就近設置提煉設備，把導出的共融晶液置入所建立的同步提煉硬體內，同時進行提煉任務，這樣的設計可以過濾廢料同時

提煉滋生鈾二三三或鈽二三九，做到同時發電又能即時生產。這類機型用釷做為原料，很容易發揮可以滋生鈾二三三的優點，於是用釷做燃料的設計分析與研發工作，在近幾年有不少的進展。

核燃料成品

　　大部分核燃料的成品，是把核燃料填裝在細長的金屬柱狀管內，置於核反應爐內進行核反應，另外也有核燃料因為功能不同，做成的成品呈板狀的合金，也有一種新式核燃料製成比高爾夫球略大的球形陶質合成體，這些不同核燃料成品都因為各有不同的使用功能，而設計成具有不同形狀、大小與化學成分，這些不同設計的理由在下面章節中分別有詳細的說明。

　　在描述核燃料成品之前，先介紹幾個重要的觀念，有關於其化學形態與同位素濃縮度的觀念，與兩者的差異。

　　鈾本身是金屬，把它製成核燃料時，可以用原來的金屬形態，或者製造成氧化物形態，也可以是氫化物形態，或其他化學形態，如矽化鈾、碳化鈾、氮化鈾或鋁化鈾，來製成核燃料成品。不論是哪一種形態，在這些所有不同化學成分中，或其分子顆粒中的鈾原子，都可能是不同的同位素。如氧化鈾中，可能是氧化鈾二三五或氧化鈾二三八，這兩種分子的結構相同，所以有相同的化學性與分子階層的物理性，例如它們有相同的熔點、導熱性、易脆性、體積膨脹性等，但是氧化鈾二三五與氧化鈾二三八，卻有截然不同的、在核反應物理上差異很大的特性，因為鈾二三五與中子能進行核分裂反應，而鈾二三八不能。

　　再舉一個例子，天然鈾礦含有 0.7% 的鈾二三五與 93% 的鈾二三八，鈾二三五的濃度或濃縮度是指 0.7% 這個數字。在世界上大部分發電用的核燃料，所需要鈾二三五的濃度或濃縮度都在 4.5% 至 5.0% 之譜，所以要達到這個濃縮度，需要把天然鈾礦經過濃縮的過程，把濃度提高到 4.5% 以上，前面有一個章節描述了用氣體分離機用來做這方面的提煉。

含有 4.5% 鈾二三五與 95.5% 鈾二三八的鈾石材質,氧化形成了氧化鈾的化學形態後,製成核燃料來使用,此時氧化鈾中的氧化鈾二三五與氧化鈾二三八仍照 4.5% 與 95.5% 的比例,共存於核燃料成品中。

另外矽化鈾、鋁化鈾與氫化鈾等也有被研發探討、設計分析其實用性,最後選擇了氧化鈾的化學形態來普遍做為核燃料使用,是因為氧化鈾在各種物理性與化學性的全面評估後,呈較優的穩定性而脫穎而出。

這裡要強調的概念是,核燃料質量的密度反映在化學分子結構上,而鈾二三五濃縮度是反映在整體鈾材料中,所有鈾同位素中所占的比例,質量密度與濃縮度兩者是不同的概念,同時,這兩者也是兩個獨立的變數,在核燃料設計上,各自可以獨立發揮。

5.2.1 商轉用核燃料棒

大部分在核能電廠使用的核燃料都是製成燃料棒形狀,長度在 4 公尺左右,可是直徑僅有 1 公分左右,厚度大約是 0.1 公分,形狀看起來像支又細又長的柱子,金屬材料多半是鋯合金,長長的圓柱裡填滿核燃料,成分是濃度大約在 4.5% 的鈾二三五與 95.5% 的鈾二三八,一般稱之為核燃料棒。

各式商用核燃料棒,在前面第三章裡介紹各類核能電廠機型時都有包括核燃料的描述,在這裡再簡單的做一個整理。表 5.2 所顯示的核燃料都是有關於呈棒狀形體的設計,包括了它們的材質與尺寸。圖 5.2 呈現了其中幾個核燃料棒的外觀。

表5.2　核燃料為棒狀幾何的設計

核反應器型號	直徑（公分）	厚度（公分）	管壁材質	核燃料
壓水式	0.82	0.057	鋯合金	4.5%鈾二三五 其餘鈾二三八
沸水式	1.04	0.081	鋯合金	4.5%鈾二三五 其餘鈾二三八
重水壓水式	1.31	0.038	鋯合金	鈾二三八
石墨緩衝式	1.36	0.085	鋯合金	2.0%鈾二三五 其餘鈾二三八
液態金屬冷卻式	0.9	0.04	奧氏體不鏽鋼	鈾鈽混合體

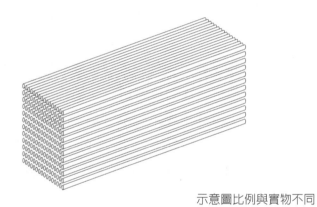

示意圖比例與實物不同

核燃料棒綑束於方形組
件內，單隻直徑約1公
分，組裝約4公尺長。

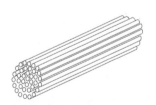

核燃料棒組裝成筒形束
時，長度約1公尺。

圖5.2　核燃料棒

5.2.2 研究用核燃料

世界上有許多小型的實驗性或教學用核反應爐，使用的核燃料與商業用的很不一樣，因為它們具有一些特殊性，在此簡單的介紹一下。

5.2.2.1 TRIGA

這型的研究與教學用的核反應爐很普遍，全世界有二十多個國擁有這型反應爐，在美國就有三十多個，遍布於許多大學與研究機構，是在美國南加州的 General Atomics 公司所設計製造的，TRIGA 是耳熟能詳的稱號，五個英文字母代表的英文字是 Training，Research，Isotope，General，Atomics。

TRIGA 是個小型的水池型核反應爐，大部分款式的功率在 250 瓩左右，用的核燃料是氫化鋯鈾，這樣的核燃料有一個特殊的物理特性，它的溫度係數是很大的負值，這個物理特性除了是一個對安全有利的特質之外，它可以被用做核反應高功率脈衝（Pulsed Power）實驗，讓能量可以在瞬間升到百億瓦之譜，但是卻只能持續千分之一秒的時間。其基本原理是氫化鋯鈾內的氫原子有一特質是，當功率增強，溫度也隨之迅速增高時，它可以馬上活化中子，活化的中子反而使核分裂反應降低，進而中斷連鎖反應，使核能功率也快速下降。

近年這型核反應爐也有高功率版本的設計，有的達到 20 百萬瓦功率，有的除了研究教學用之外，還兼負製造醫學用同位素的任務，如鉬九十九就常常在這型核反應爐中生產。

氫化鋯鈾是這型核反應爐燃料的化學結構，在諸多鈾原子中，其鈾二三五的濃度，在早期用的燃料裡都介於 90% 至 93% 之間，但是在四十年前開始，美國在世界各地推廣了一項行動，把所有的研究與實驗用的核燃料，降低它們所含鈾二三五的濃度，一直減到 20%，近年 TRIGA 用的

核燃料也都全面減到 20%。這個世界性的全面推廣行動稱爲 RERTR，即 Reduced Enrichment Research and Test Reactors，中文稱爲「研究實驗核反應爐鈾濃縮度減低」方案，這個題目會在後面專門討論核武擴散這個議題的章節有詳細說明。

5.2.2.2 鋁化鈾、矽化鈾合成鈾與板狀核燃料

也有一些研究用的小型核反應爐所用的核燃料款式是板塊狀，這裡用一個例子來描述它的大小與形狀。核燃料的主要化學形態是三鋁化鈾分子的材質，再把這個材質加工嵌入，使之瀰散於整塊鋁片中，表面再包一層純鋁金屬，製造成一片塊狀核燃料。

每片塊狀核燃料約有 6.6 公分寬，66 公分長，厚度有 1.27 毫米，核燃料片之間有 2 至 3 毫米的間隙，讓冷卻水通過。用 23 片這樣的長方塊做成一個核燃料組合，一個爐心共有 19 至 23 個這樣的組合。早期使用的鈾其濃縮度高達 93%，近年都已紛紛降到 20%。

用這樣的核燃料所形成的核反應爐，只有用在少數幾個國家的研究機構與學校裡。這樣的設計有其特殊性，可以讓爐心達到數量高的中子流量密度，方便進行一些核反應實驗，製造醫學用的同位素，也可方便進行一些研究爐心功率變化的核反應物理實驗。

除了用三鋁化鈾爲主要原料以外，這類型的核燃料也以矽化鈾與氧化鈾爲主要材質做過大量的研究，研究的目的是要多方面考慮最好的方法或化學形態，來增加鈾在固態物體中的含量密度，其中重要的意義是在減少鈾二三五濃度之際，如何保持總體的鈾二三五含量，而不失「臨界」所要求的考量。

　　這裡介紹一些新式核燃料，有的尚在研發階段，但會很快被商業化使用，有的已經商業使用中，但尚未普遍推廣，其細節在下面各章節裡詳細介紹。

5.3.1 TRISO有準備商轉之設計

　　有一型核能電廠採用了高溫氣冷式的核反應爐機型，前面有談到這類核反應爐有著不同的設計理念，例如可以產生多一點鈽二三九，於是就用石墨做緩衝劑，還有另一特色，就是它能耐高溫，所以安全性高一點。它之所以能夠耐高溫，是因為它的核燃料有陶質材料的特色，製造成球形小顆粒，直徑約有 0.5 毫米至 1 毫米不等，它有個專業名詞 TRISO，TRISO 是 TRistructural ISOtropic 之簡寫，意思是三層無向性。圖 5.3 呈現這類核燃料小球的內部結構，各層材質由外到內是熱解碳、碳化矽、熱解碳、密綿碳填充層，到最裡面的核心才是核原料，核原料可以用鈾二三五、鈽二三九或釷二三二為主，濃縮度可由 8% 至 20% 不等，它們的化學形式是可以採用這三者的碳氧化物或氧化物。

　　用許許多多很小顆粒的核燃料球粒填裝在兩種不同的幾何體內，一種是直徑大約是 5 公分形狀看似撞球的球體，另一種是長形圓筒，兩者的結構材質都石墨矩體，體內可盛裝數萬顆核燃料小顆粒球體。

　　看似撞球的容體有一常用名稱，叫卵石（Pebble），把諸多卵石容體運送到核反應爐，使爐心有足夠的核燃料就會達到臨界狀態，在爐心累積卵石的地方也有其名稱，叫卵石床（Pebble Bed），圖 5.4 所呈現的就這

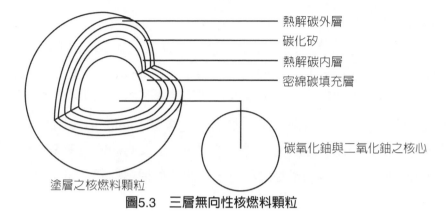

熱解碳外層
碳化矽
熱解碳內層
密綿碳填充層

碳氧化鈾與二氧化鈾之核心

塗層之核燃料顆粒

圖5.3　三層無向性核燃料顆粒

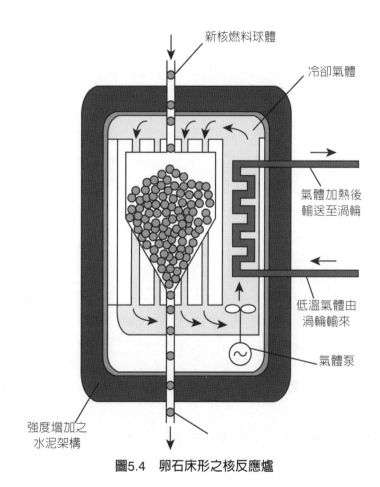

新核燃料球體

冷卻氣體

氣體加熱後
輸送至渦輪

低溫氣體由
渦輪輸來

氣體泵

強度增加之
水泥架構

圖5.4　卵石床形之核反應爐

種卵石床核反應爐。

另外一種設計是把上萬顆細小的核燃料球填入一個長形圓筒內，這長形圓筒也有一個特別的名稱叫「密實體」（Compact），把上千個密實體放入一個看似蜂窩的一個巨大呈六角形的體內，置於其中的許多中空直糟內，形成一個所謂的「菱形核反應爐」。圖 5.5 呈現了一個菱形核反應爐與填有小顆粒核燃料球的密實體，整個菱形核反應爐的材料是石墨，作為中子緩衝劑，也用做結構性的材質，整個結構稱為塊體（Block）。

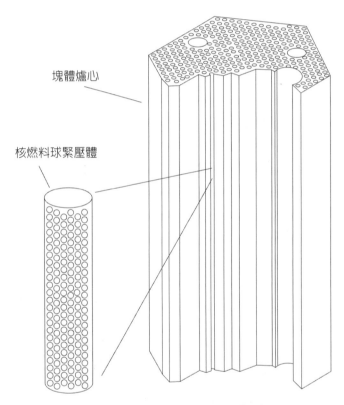

塊體爐心

核燃料球緊壓體

圖5.5　氣冷式核反應爐菱形塊體爐心

目前有一些國家都以這種球形多層陶質材料包在外層的核燃料為基礎，利用它的耐高溫特性，設計了高溫氣冷式的核反應爐。表 5.3 呈現了

許多這類已經設計完成的反應爐，表中也列出了核反應爐的機型，卵石床或菱形核反應爐。

表5.3 高溫氣冷式機型核燃料

高溫氣冷式機型	MHTGR	VGR50	VGM400	PBMR	GT/MHR	HTR-PM	HTR/VHTR	NGNP/VHTR
國家	美國	俄羅斯	俄羅斯	南非	美國／俄羅斯	中國	法國	美國
反應爐功率MWe	140	50	300	165	285	200	600	600/200
反應爐機型	菱形	卵石	卵石	卵石	菱形	卵石	菱形	菱形／卵石
冷卻氣體氦氣最高溫度（攝氏）	685	810	950	900	850	700	1000	950
燃料濃縮程度	低濃縮鈾	高濃縮鈾	低濃縮鈾	低濃縮鈾	低濃縮鈾	低濃縮鈾	低濃縮鈾	低濃縮鈾
核燃料成分	碳氧化鈾	氧化鈾	氧化鈾	氧化鈾	鈾／鈽混合氧化體	氧化鈾	碳氧化鈾／氧化鈾	碳氧化鈾／氧化鈾
燃料形式	TRISO	TRISO	TRISO	TRISO	TRISO	TRISO	TRISO	TRISO

5.3.2 鈽鈾混合燃料（MOX）

現在世界上大部分核電廠裡都累積了一些用過的核燃料，因為在它們的使用過程中會產生鈽在裡面，這些鈽可以被提煉出來，再與原來核燃料裡剩餘的大量鈾一起回收，兩者混合在一起製成核燃料，再送回現有的核電廠當原料使用。

MOX 這個名詞也在這裡被保留，MOX 是 Mixed Oxides 的意思，即混合氧化物的意思，因為鈾與鈽在舊燃料裡或再提煉後重新組合的新燃料裡，都是以氧化物的化學形態呈現的，也就是二氧化鈾與二氧化鈽兩者的混合。

用過的核燃料在此又稱舊燃料，被回收、提煉與再製成氧化物混合

體MOX，送回核電廠再使用的做法已經有了二，三十年的歷史，目前使用這種回收MOX核燃料的國家以歐洲居多，有比利時、瑞士、德國與法國。法國的許多核能電廠，其正在用的核燃料有三分之一都是這種回收的MOX核燃料，日本也正規劃要使用這種回收核燃料，希望能達到全國三分之一的核電廠都使用的目標。

製造這種回收的混合體核燃料，當然要先把鈽從舊燃料中提煉出來，目前有提煉技術的國家有英國、法國、俄羅斯、印度與日本。法國也提供了提煉的服務，替一些沒有提煉技術的國家代工提煉服務。

八十年代之前，美蘇兩國冷戰的三十多年間，各自製造了不少以鈽二三九為原料的核子武器，冷戰結束後，為了消耗過多存量的鈽二三九，就計畫用這些鈽來做混合體MOX核燃料，送入現在核電廠當成核燃料使用，近年美國已經開始建廠，打算自己製造這種混合氧化體燃料MOX。

在發電過程中，中子與鈾二三八的滋生反應會生產鈽之同位素，其成分約占全部舊燃料的1%，在這所有鈽同位素中，鈽二三九的比例超過50%，剩下的同位素如鈽二三八、鈽二四○、鈽二四一與鈽二四二，它們雖然沒像鈽二三九具有強烈的核分裂能力，但是都仍然有少量的核分裂能力或能滋生有核分裂能力的同位素，因此當舊燃料退役後，用過的舊燃料裡，所有的鈽同位素都是有利於再生使用的。

MOX核燃料已經被用在現在的核電廠內，都是壓水式核反應爐或沸水式核反應爐，這兩種機型都是以鈾二三五為主要核燃料，而用鈾二三五為主要核原料時，其基本核反應爐的物理本質是以慢中子為主，在前面的一個章節裡，對這個議題提供了說明，描述了鈽二三九比較容易與快中子產生核分裂反應，所以MOX常常自然地被快中子增殖反應爐當做核燃料，重水反應爐的中子能量分布介於快中子與慢中子之間，所以也可以採用這類再生混合體MOX當成燃料。

5.3.3 抗災性核燃料ATF

ATF 是三個字的縮寫，Accident Tolerant Fuel，意思就是有抗災能力的核燃料。2011 年在日本福島核電廠發生了核災，從專業的角度來看，主要原因涉及了兩項有關安全的議題。第一項是有三個機組的核反應爐熔毀，爐心形成熔漿，熔穿了厚鋼殼，造成高度輻射外洩。第二項是，核反應爐心缺水無法冷卻，造成核燃料棒溫度升高，溫度甚高的核燃料棒金屬外殼與水蒸氣發生化學反應，產生大量氫氣蔓延四處，最後在廠房引發爆炸，炸毀整棟建築，失去了一層本來可以防止直接暴露輻射的屏障。

第一項有關核反應爐缺水最後造成爐心熔毀，其主要原因在上一章針對核能安全的題目做了詳細的討論，涉及東京電力公司疏於安全文化的養成，未能採信風險評估的警訊，也未採用嚴重事故處理的機制。

第二項有關防止氫氣產生是這個章節的主題，所要討論的就是抗災性核燃料。因為福島核電廠氫氣爆炸的原因是廠房內布滿了太多的氫氣，而大量氫氣產生的原因是海嘯來襲損壞了許多重要安全設備，使核反應爐有過長時間無法運送冷卻水進入核反應爐，爐心無法冷卻而產生高溫。置於爐心中有數萬隻，長約 4 公尺、直徑約 1 公分的核燃料棒，其外殼是一種金屬鋯合金，在高溫狀態下與水蒸氣直接發生了可以產生氫氣的化學反應，於是大量氫氣就產生了，氫氣有高度的易燃性，聚集在廠房發生爆炸，這樣的結果在那種情況下是很難防範的。

為了防範這類事故，近年核能工業界開始進行這方面的研發工作，主要的研發方向，短期做法是把鋯合金的外殼包一層薄膜，以防止水蒸氣與鋯合金直接接觸，長期的研發方向則是發展新的代替材質可以完全取代鋯合金做成核燃料棒的外殼，杜絕金屬殼與水蒸氣或水有了化學反應產生大量氫氣。

在鋯合金的外殼鍍上一層薄膜，可耐高溫的材質，如碳化矽（SiC），可以拖延核事故時間，但是這只是一種短期內可以使用的暫時

手段，為了澈底杜絕氫氣爆炸的核事故，採用新的材質完全替代金屬核燃料殼，是長期研發的目標。

當初鋯合金被選為做成核燃料棒外殼的材質，有幾個重要技術性因素。它必須有足夠的結構強度之外，也必須具備不會吸收中子的核子物理特性，因為中子數量減少會對「臨界」有負面的影響，這個因素也是其他優良材質，如不鏽鋼等，未能被採用做核燃料棒外殼的主要原因。當然，外殼材質的導熱性、延展性、膨脹性等，也都要能夠在使用壽命內不會產生過度的改變，最好它也能夠在有大量衝撞中子的環境裡，不會因為與中子產生了一些核子反應而產生過多的衍生物，因而破壞了原本的結構強度。

目前被考慮用來代替鋯合金製成核燃料棒外殼的材質，有碳化矽（SiC）、鐵鉻鋁合金（FeCrAl）與其他一些合成固體，如鈦鋁碳 Ti2AlC 或鈦矽碳 Ti2SiC 化合物，尤其是前二者，美國的一些學校、國家實驗室與研究機關正在測試它們的適用性。因為任何新的材質若要置於核反應爐中做普遍性的商業用途，必須經過美國核能管制委員會的審查，審查通過後才可以發照准許使用，而新核能材質採用的審查有其嚴謹性，須經長時間的實驗證實新材質的結構性、膨脹係數、中子衝擊的耐損性，與水蒸氣產生氫氣的效應，符合安全要求，再加上完成一系列有關應變核事故的安全分析，才能被准許製成替代現在的核燃料棒外殼的材質，杜絕氫產生，以防止福島式的爆炸在任何核反應爐裡再度發生。

目前，核能工業界對抗災難性核燃料寄予厚望，對它正在進行實驗的結果頗有關注，ATF 這個名詞，在以後數年裡會有經常性的報導。

5.3.4 低濃度高成分新型燃料（HALEU）

現在世界上大部分核電廠所用的核燃料，其中可以執行核分裂反應的

主要成分是鈾二三五，在整體所有鈾同位素中的比例，占 4.5% 至 5.0%，這個的含量是視為低濃縮度，在前面一個章節討論 TRIGA 核燃料時，提到了一個在近四十年裡，世界級的全面推廣行動，稱為 RERTR，即 Reduced Enrichment Research and Test Reactors，中文稱為「研究實驗核反應爐鈾濃縮度減低」方案，這個方案的宗旨，是把世界上所有的高濃縮度的核燃料，以低濃縮度的核燃料來代替，高濃縮度的核燃料大多數都存在於世界各地的研究型與實驗型的核反應爐裡面，減低其鈾二三五濃縮度達到所設立的目標是 20%，核燃料其濃縮度在 20% 以下被視為低濃度核燃料，英文是 Low Enrichment Uranium，簡稱 LEU。

目前商業運轉的核反應爐運行了大約在一年半或兩年的時間，就需要換燃料，把大約三分之一的爐心核燃料棒，以全新的核燃料棒代替。這個動作的必要性是基於爐心的鈾二三五因為被用來進行核反應而被消耗了，不足量的鈾二三五難以維持爐心「臨界」狀態，威脅到保持連鎖反應所需的物理條件，在第二章有關核反應器的物理說明有提到要維持臨界狀態，有兩二要件，一是「足量」，另一是「集中」。換新燃料，是要保障「足量」這個條件。

就在這幾年，HALEU 這個議題開始受到矚目，HALEU 的原文是 High Assay Low Enrichment Uranium，就是這章節的標題「低濃度高成分型核燃料」，它的定義是鈾濃縮度超過 5% 但是仍然低於 20% 的核燃料。

下一代核電新機型商業運轉的可能性，在這幾年頗有起色，而下一代新機型設計的走勢，由於市場預期傾向小型的設計，前面的章節描述過這樣的小型組裝式機型（SMR）。這種小型核反應爐的核燃料，更適合採用低濃度高成分型核燃料，即 HALEU，因為高濃度的核燃料可以拉長爐心保持臨界的時間，減少頻繁的更換燃料過程，如果鈾濃度可以從現有的 5% 升到 10% 至 20% 之間，在核反應器物理上，還有另外一個優點，它的使用效率可以提高，這議題的專有名詞是 Burnup，它代表的意義與鈾燃料的使用效率有直接關係，但它的討論需要涉及更進一層的核反應器物

理，在這裡就不多做論述。

HALEU 的需求呼聲很高，但是它在世界上的存量不多，於是業界與美國政府著手於兩個方法來製造「低濃度高成分型核燃料」。第一個方法就是把天然鈾礦再送進氣體分離機，重新進行濃縮過程達到所預定的低於20%的目標，第二個方法是把取自世界各地的研究實驗型核反應爐，其原來高濃度近93%以上的核燃料，當成鈾二三五的主要來源，而與已製成的5%濃度的核原料，兩者配製成20%濃度以下的核燃料。

現在已經有商業團體設計新式的分離機，從事第一個方法來製造這種新核燃料，也有國家實驗用第二個方法，啟動製造這種新核燃料的方案，把舊的研究實驗型核反應爐中尚存的高濃度的鈾二三五，用改進的核燃料再處理技術並提煉出來。HALEU 這個名詞，在以後數年裡也會有經常性的報導。

5.3.5 金屬核燃料

在核能發電早期，美國研究過許多不同化學合成的鈾，如矽化鈾、碳化鈾、鋁化鈾，研究它們的物理與化學特性，並且置放在核反應爐中做長期的中子照射實驗，觀察它們在材質上的變化，以及是否適用於做核燃料長久性的應用。現在世界上大多數核能電廠所用的核燃料都是氧化鈾，甚至從用過的核燃料提煉出來的鈽做成再生的核燃料，也是氧化鈾與氧化鈽的混合體，它有個名稱叫混合氧化物（Mixed Oxides），簡稱 MOX。

如果撇開化學合成的鈾或鈽不談，而只用原身是金屬的鈾做核燃料，會有許多好處，譬如從分子的層面來看，化學合成物總會有其他非鈾的原子在旁，使得鈾在核燃料中的密度不如金屬形態的密度來的高，氧化鈾是二氧化鈾，每一個鈾原子必有二個氧原子在旁，造成鈾的密度不如鈾金屬中所含的鈾原子的密度。

　　鈾原子密度高的核燃料有一個重大的優點，在前面談過「臨界」的兩大條件：「足量」與「集中」，核燃料中鈾原子的密度愈高就愈符合「集中」這個條件，臨界狀態成立以後，核反應的效率也會提高，核燃料的使用效率也會隨之提高。

　　核電工業早期就選擇了氧化鈾做核燃料，是由於它的穩定性，而那時金屬鈾沒有被直接採用做核燃料，是因為早期在一系列的驗證實驗中，金屬鈾在使用後所產生的氣體核分裂衍生物（Fission products），容易在核燃料棒內產生高壓，金屬鈾又與鋯合金的核燃料棒外殼發生擠壓，造成過高的接觸壓力，基於這些原因金屬鈾並沒有被直接用做核燃料。

　　但是近年來，這些技術性問題已經解決，譬如改變金屬鈾在核燃料內的分布性質，加上在核燃料棒內預留空間的新設計，以容納氣態核分裂物，都能夠有效的發展出以金屬鈾或金屬鈽為主、適用的核燃料，況且近年為了有效「焚化」高階核廢料與使用再生核燃料，更依賴快中子核反應爐或加速器驅動次臨界核反應爐，這兩者都是以快中子為主要媒介，更適合使用金屬核燃料，這些相關的議題都會在有關核廢料處理的章節有更進一步的闡述。

5.3.6 惰性基材核燃料（Inert Matrix Fuel）

　　近十五年左右，有一種稱為「惰性基材核燃料」的新構思，開始被許多國家關注並研發，積極想要把這種核燃料用在新一代的核能電廠。已經投入實質資源，開始研發的國家有美國、加拿大、法國、日本、俄羅斯與瑞士。

　　這種核燃料的主要成分是鈽，沒有鈾，而鈽的成分被植入一種基材中，製造成一種鈽成分在其中被均勻分布的材質，做成核燃料，而基材也可以有不同的選擇，去刻意設計成有優勢的材質特性，利於核反應爐內情

況。譬如，材質能有比較高的導熱係數，使得核燃料的運作溫度不會太高，而不會超過安全限制的溫度。

這樣的核燃料之所以被世人注意，是因爲下一代的核能反應爐，除了以發電爲目的以外，還有消耗鈽的任務。鈽已經被大量生產，是因爲現代的核能電廠在運轉發電消耗了鈾燃料的同時，也滋出數量不少的鈽，鈽是下一代核能電廠的燃料，卻也是核武的原料，因爲所牽涉的議題頗爲廣泛，在第六章與第七章裡，各自從這個議題的不同角度上，提供詳細的說明，第六章解說核廢料提煉鈽的技術與過程，第七章專注於鈽在核武擴散上的角色與防範措施，也列舉許多實例闡明其重要性與嚴重性。

鈽的滋生是從中子與鈾二三八的核反應而來，現代核能電廠所使用的核燃料裡有大量的鈾二三八，所以一個核子反應爐若要賦予消耗鈽的任務，它所用的核燃料就不可以含有鈾的成分，否則鈽在被消耗的同時又被滋生，這樣的核反應爐很難達成消耗鈽的任務。

於是若要讓一個核反應爐有效地消耗鈽，它所用核燃料必然不可含有鈾的成分，發展只含鈽不含鈾的核燃料就有其必要性，惰性基材燃料因此因應而生。惰性一詞的由來是，基材的選擇除了沒有鈾之外，最好對與中子核反應的傾向呈惰性，不要引起任何核反應器物理上的負面作用。

基材 Matrix 的選項也可以加入核廢處理的考量，因爲這種核燃料被使用後，會有極大可能在事後被再提煉，取出沒有用完的鈽製成再生燃料，基材的選擇也可以考量到容易製造成複合核燃料，藉以加入高階純核廢料製成混合的複合核燃料，放入核反應爐內同時被消耗殆盡。

表 5.4 顯示了一些基材的例子，目前在不同的國家，它們都被考慮做成這種核燃料的主體材質並開始進行實驗，這些例子被採用所依據的特色，皆屬於材料學中的專業議題，在此就不再陳述所關聯的細節。

表5.4 惰性基材候選材質

基材材質形態	惰性基材配方
元素	C、Mg、Al、Si、Cr、V、Zr、Nb、Mo、W
聯合金屬	AlSi、AlZr、ZrSi……
合金	Stainless Steel、Zirconium Alloys
碳化物	$^{11}B_4C$、SiC、TiC、ZrC
硝化物	AlN、TiN、ZrN、CeN
雙氧化物	MgO、CaO、Y_2O_3、ZrO_2、CeO_2
三氧化物	$Mg_{(1-x)}Al_{(2+x)}O_{(4-x)}$、$Y_3Al_5O_{12}$(YAG)、$ZrSiO_4$
固態氧化容劑	$CaxZr_{1-x}O_{2-x}$、$Y_yZr_{1-y}O_{2-y/2}$

6章

核廢料

前言

核廢料是一個重要又廣泛的議題,它牽涉了物理、健康、經濟、能源、政治與軍事等題目,而且這些題目又互相牽連,增加了不少複雜性,而這本書對這個議題的宗旨,是針對所有涉及的題目,以簡潔的描述傳達一些基本觀念,冀望讀者在有限的篇幅裡,能夠有效率地吸收資訊,形成全面的概念,所以對很多訊息的傳遞,並未遵循像教科書般之有層次又嚴謹的方式,要顧及建立基礎性的知識所具備的細節,而是直接用實例來說明最近的有關個案,藉此讓大家可以迅速掌握所涉及的議題。

什麼是核廢料？

　　從專業角度馬上列出各式核廢料的類型必然會面臨一個危機，話題會變成艱澀難懂又枯燥無味，但是列出各類核廢料的特色也有其必要性，因為不同類的核廢料，會對健康造成不同程度的傷害，所以會針對不同的身體反應或傷害程度而分類，以便於從事有效的防護性之設計。核廢料對政治、軍事與能源的需求上均有不同，也採用不同的方式來處理，同時也各自面臨著不同層次的風險與成本考量，所以核廢料也會以不同的處理方式來分類。在這裡，核廢料先由產生的方式來分類，以方便開始作介紹性的解說，再繼以輻射的程度與特質來分類，進而說明核廢料在處理上會面對什麼樣的議題，以及其解決的方法。

核廢料如何產生？

這裡所要討論的核廢料是由醫療產品、能源產業或工業程序的副產品，並不包括自然界產生的輻射物，因為自然界產生的輻射物，在各地自然界所測量出來的輻射強度與人體接受到的輻射劑量，有的地區雖然偏高，但是不論偏高到什麼程度，都沒有發現對健康有任何危害。在這裡所討論的核廢料都是屬於人工製造的，有關這類核廢料的特性，它們的何去何從、處理方法與各方面的影響，是這個章節要討論的範圍。

6.2.1 工業用輻射物質

舉兩個例子來說明如何利用輻射物質的特性做成工具，與使用後原料與產物的處理。

石油工業界在探測石油時，挖油井前會用放射性物質，送入所挖的細長深洞裡，測量岩石在不同深度的密度，使用了鐳與鈹的同位素，合在一起釋放了中子，或用鈷同位素產生加馬射線投射岩石內，再另外用一個輻射探測器來測量反彈的中子量或加馬射線，用以判斷岩石的孔隙率或密度，加以對比而判斷岩石內的成分，工業界在大規模開採前，會用這個方法來記錄沿線深度的岩石特質。

煙霧探測器用的火災警報器裡面有一顆極小的鋂同位素，鋂二四一，（Americium241），不斷的產生輻射性的阿伐粒子，使警報器裡面的空氣離子化，浮游的離子扮演著導電的角色，維繫著警報器裡面特有的電流迴路使之持續暢通，失火產生的煙霧阻斷了離子在電路中所扮演的效應，使電流中斷而導致使煙霧探測器產生警報。

使用過或失效的放射性元素，可依照政府規定，在其輻射強度因為自己蛻變而降低以後，或者稀釋處理而符合安全標準之後，視為一般垃圾拋棄，或可以讓原廠回收，或由政府指定機構回收。政府若有回收的機制，一般處理的方式是集中管理，在地面上擇地隔離存放，不做任何處理，任其自然蛻變，假以時日，輻射強度會自己減少，元素本身的質量也因自然蛻變而轉變為其他元素，進而減量。

6.2.2 醫療用輻射物質

在醫療上所用的放射性物質分成兩種，第一種是診斷用，第二種是治療用的。

診斷用的放射性物質最常使用的同位素是鎝九十九 m（Technetium99m），小寫字母 m 代表 Metastable 這個字，即半穩定狀態的意思，是指這個同位素存在的物理狀態，容易釋放出加馬射線，而被廣泛使用來注射血管內，能夠觀察人體許多器官病源，包括了心、肺、肝、脾、膀胱、骨骼、腦、甲狀腺等。這個同位素在全世界做診斷使用已經超過了三千萬次，而且它的半衰期是 6 小時，所以它存在人體內的時間足以做完診斷而不會超出太長時間，使病人免於接受到不必的過高輻射劑量，也就沒有事後要處理輻射物質的工作。

治療用的輻射性同位素，在這裡舉了六個例子，括號內的時間是該同位素的半衰期：

■ 鈷六十：靠近器官治療或體外照射治療（5.3 年）

■ 釔九十：治療淋巴癌（2.7 天）

■ 鍶八十九：治療骨癌（52 天）

■ 碘一三一：治療甲狀腺癌（8 天）

■ 銥一九二：靠近器官治療（74 天）

■ 鉑一三七：靠近器官治療或體外照射治療（30 年）

上面顯示出這些醫療用輻射性同位素的半衰期，有一個重要的意義，有的同位素半衰期很短，這意味著它們存在醫院或診所的壽命不長，它們能夠傳送的醫療劑量或效能，隨著時間的流逝而迅速減少，因此需要常常補充，而這些同位素都是在實驗型或專用的核反應爐內製造出來的，近年因爲人口的增長，加上這些核反應爐退休、維修與涉及國際商務或政治性的糾葛，造成這些同位素的來源不足或不穩定，近年來醫療用同位素的製造、存量與貨源也儼然成爲醫療體系中的一個行業。

6.2.3 發電用核燃料

全新的核燃料裡，成份主要是鈾二三五與鈾二三八，這兩者的輻射性都很弱，它們所釋放出來的以阿伐射線爲主，這種放射線只需紙片厚度般的物質就可以被阻絕，所以不會穿透皮膚進入人體，核燃料在採礦過程，與在鈾二三五濃縮的步驟中對人體的健康都不會產生威脅。

全新的核燃料在成形的核燃料棒裡，其輻射量對人體危害的程度也是微乎其微，上萬支核燃料棒運送到核能電廠準備使用前，這些核燃料棒成束的安置在核能電廠的廠房裡，只要未曾放入核反應爐內，沒有參與任何運轉之前，就不會成爲危害健康的威脅。

但是核燃料棒一旦開始置入核反應爐內，開始了核分裂反應，馬上就有核廢料產生了，只需數天工夫廢料就會呈現高輻射性的特質，從那一刻起，在核反應爐內的核燃料棒，若有需要而須取出時，則必須有隔離措施，以防範高輻射對人體健康造成的危害。

6.2.4 核反應產生核廢料

各種類型核廢料的產生，都源自中子與鈾二三五發生的核分裂反應，此類核反應除了產生大量能量之外，也產生了許許多多核反應的副產品，這些副產品被視爲核廢料的描述，其分類與處置都在這個章節內有進一步的解說。

中子也與鈾二三八發生了核子滋生反應，產生了鈽二三九，一種再生的核燃料，也產生了其他一連串的核蛻變，生出許多次鋼系元素。

所以當中子與核燃料產生了諸多核反應，會持續釋出能量之外，也同時產生了許多反應物，這些反應物基於不同的特質，可分成兩大類：

1. 一般核分裂產物。

2. 超鈾元素，包括了次鋼系元素。

一般核分裂物在第二章介紹過，它們是直接由核分裂的核反應產生出來的。第二章的圖 2.4 顯示了各類核分裂物與它們分布的情況，在這許許多多的核分裂物中，大部分類屬於低階核廢料，有的基於它們自己會迅速蛻變而呈現短暫的壽命，自己會消失而不對健康產生威脅，但也有部分的核分裂物有過長的壽命，但是其輻射強度也未造成威脅，所以沒有對這些元素做特別的敘述，在這裡只針對數個核分裂物，由於它們對人身健康的危害仍然存有威脅性，所以把它們單獨挑出加以敘述。

在千百類核分裂物中，這裡只例出三個需要特別關注的同位素。這三個同位素基於它們有特長的半衰期或壽命，又具對人身健康有危害的威脅性，所以用嬗變的方法使之轉換成其他不具威脅性的元素，可以對這三個同位素做有效的處理。這三個同位素是：

1. 鎝九十九 Tc99

2. 碘一二九 I129

3. 銫一三五 Cs135

這三種同位素與其他千百種核分裂物滋生出的鈽二三九，尚未用完的

鈾二三五與諸多衍生的鋼系元素共存於用過一次的核燃料棒內，一旦提煉的機制被啓動後，提煉出鈾與鈽做再生原料之際，這三種同位素可以與其他高階核廢料一併分離出去，同時做下一步的處理。

這些產物中的第二類，次鋼系元素才是眞正令人頭痛的問題，它們並不是由核分裂反應直接產生出來的，而是間接經過一連串的核蛻變而產生出來的，這些元素與它們的許多同位素都具有大於 92 的原子數，也是鈾的原子數，所以也稱之爲超鈾元素，這些元素是處理核廢料工作中所要面對的主要對象，所謂的高階核廢料就是指這類元素，由於它們的輻射性強，又有很長的半衰期，甚至有的壽命長達數十萬年之久，新近處理高階核廢料的主要工作就是研發與設計如何消滅這類核廢料。

核廢料如何分類

世界上有幾個核電大國，基於經濟或政治理由，現在選擇了不從核廢料中提煉出核燃料，也不做研發與設計如何消滅高階核廢料的技術，有的國家採取觀望或等待的態度，也有的國家對用過的核燃料不做任何處理，期待有一天可以完全置放地底深層，於是就沒有對用過的核燃料做任何下一步的工作，也就不在意核廢料如何分類。

法國是一個核電大國，已經積極的從用過的核燃料中提煉出可以再用的核燃料，送回了核能電廠再使用，也同時把用過的核燃料中的高階核廢料分離出來，計畫要用正在發展中的核反應技術來消滅這些高階核廢料並藉以發電，所以法國在處理核廢料的議題上走在世界的前端。也是基於需要，法國走其他國家的前面，先發展了核廢料的分類法，因為這樣的成果有其前瞻性，也基於法國在技術上已採用了諸多方面的考量，又累積了執行上的實際經驗，這個分類法也開始被其他核電國家接受，在這裡就針對這個分類法做進一步的解說。

表 6.1 呈現核廢料的分類，基本上這樣的分類是根據核廢料的二個特性：輻射強度與半衰期或壽命，來區分各類核廢料，同時這個分類表，也對一些定位為低階與中階的核廢料之處理方式做了明確的標示。

表中最左的縱欄用輻射性的強度來區分高階、中階、低階與極低階，共有四類的核廢料，所依據的區分標準，是用輻射的強度來劃分，輻射強度以同位素蛻變的速度做單位，採用每秒分解的數量，即在單位時間內，放射性同位素其原子核分解而蛻變成其他原子核的數量。最上一行由左至右所顯示的是依據各類核廢料的半衰期或壽命，所做的三種分類：最左邊是長壽類，有超過三十年的半衰期，最右邊是低於一百天的半衰期，

表6.1　法國核廢料分類法

依強度或壽命分類	壽命長>30年	壽命短<30年 >100天	壽命極短<100天
高階>10^{8}貝克 / 公克	研究處理中 或深層地底置放		依放射性依強度 自行管理
中階<10^{8}貝克 / 公克 >10^{5}貝克 / 公克	研究處理中	地表處置	
低階<10^{5}貝克 / 公克 >10^{2}貝克 / 公克	專案地表處置設計中		
極低階<10^{2}貝克 / 公克	專案地表處置		

註：貝克（Becquerel）＝每秒同位素蛻變次數

中間的半衰期在這兩者之間。

　　表中這樣的分類顯示出核廢料可用四種不同輻射強度來區分，又再用三個輻射半衰期來劃分，所以原則上應該分成十二類不同的核廢料，但是這個分類表卻呈現了一個另有特殊性的安排，而使全部核廢料只做了六個種類的區分，表 6.1 中間只呈現了六個方格，代表著這個六類的核廢料有著某種共有的相似性，而可以一起用同樣的方式處理。

　　當然，這種特殊的安排也反映了幾層重要的意義，輻射性強的核廢料所代表的危機，遠不如半衰期特別長所代表的危機，因為輻射性強的核廢料，如果具有時間較短的半衰期，假以時日此類核廢料自己會消失，所以只要對輻射性強的核廢料做好防護措施，它的威脅性遠遠低於半衰期異常長久的核廢料。對於半衰期長或壽命特別長的核廢料，即使在有限的時間內，能夠做到完善的防護，卻也難以保證所做的完善防護可以持續到千年或萬年以後仍然不受其他因素的影響，而永不降低品質或失效。

中低階核廢料如何處理

　　低階核廢料來自醫療用品、工業用的廢品,與已用過一次的核燃料在提煉過程所產生的廢棄物,如紙屑、抹布、工具、防護衣、過濾器、玻璃試管等廢品,中階核廢料來自核子反應爐退役後拆除的結構材料、油脂、水泥、瀝青、金屬等物質。

　　表 6.1 呈現對於半衰期或壽命較短與極短的核廢料,不論中階或低階,其處理的方式是在地面或近地表擇地安置,可以選擇適當儲存的方式,任其自已蛻變而自動減量逐漸消失。對於低階與極低階之核廢料,其主要策略也是在地面擇地安置,唯有在一些中階核廢料中,若屬於壽命較長的種類,往往是出自於核原料提煉過程的產物,其適當的處理是屬於地底深層的安置。

　　在所有的核廢料的種類中,最棘手的就是壽命長的高階核廢料,符合這個條件的核廢料是核分裂反應產生出來的次鋼系元素,存在用過的核燃料棒中,如何處理它們才是核廢料的主題。

高階核廢料如何處理

處理高階核廢料有兩個方法：1. 把它消滅，2. 存置地底深層。但要消滅它有一個前提，就是國家須採取一種提煉的能源政策，從用過一次的核燃料中提煉出可以再使用的核燃料，也藉此把純核廢料分離出來，如果國家不採取核燃料提煉的政策，那就意味著用過一次的核燃料把它完全當成核廢料處理，準備有一天送到地底置放。所以這個章節涉及了三個大議題：1. 消滅純核廢料方法，2. 提煉的方法與其現況，3. 地底存置所涉及的各項題目。

6.5.1 核反應消耗法

消滅高階純核廢料的基本原理是，利用這些高階核廢料元素都容易與快中子產生核子反應，而轉變成非輻射性或低輻射的元素的特性，這樣的轉變有個專業名詞叫嬗變，英文是 Transmutation，這些高階輻射性的元素都屬亞鋼系元素，也包括了它們所有的同位素，存在於用過一次的核燃料棒中。次鋼系中所有的元素都稱之為 Minor Actinides，簡稱 MA。

這些鋼系元素與快中子產生的核反應與核分裂反應有一點相似，它們都能夠產生能量，當然這類核反應產生的能量遠不如核分裂反應產生的能量那樣多，但也不無小補，而且就是因為還會有能量產生，這個特點就被利用來設計一種可以發電的核廢料「焚化爐」。

這類核反應與核分裂反應也有大不同的地方，那就是這類核反應不會再產生中子，所以對「臨界」的維繫並沒有幫助，因為它不會助長連鎖反應，而且被視為有反效果，也就是說，這類的核反應會「吃」掉快中子，

因此被視為「毒藥」，在核反應器物理用的專有名詞，針對這種物理現象，把所有在核反應爐內傾向「吃」掉中子，而不「吐」出中子的元素，稱之為「毒藥」（Poison），高階核廢料被視為「毒藥」也是這個原因。

所以要完全消滅純核廢料所依賴或面臨的物理特性有二：1. 需要快中子，2. 高階核廢料對快中子而言，是只會「吃」中子而不會「吐」中子的「毒藥」。根據這兩個特性，為了要消滅高階核廢料，一些快中子核反應爐的設計就因應而生，再配合一些國家有不同的能源政策，所設計的快中子核反應爐，就會有以「滋生」為主、「焚化」為次的快中子核反應爐，或者是「滋生」與「焚化」兩者功能角色對換的核反應爐。比爾蓋茲的「泰拉能源」公司所設計的「行波核反應爐」屬於第三類型，是以能源永續為主旨的快中子核反應爐，除了這個重要的遠程目標以外，對產生的高階核廢料也有在爐內消化的功能，達成「自己的廢料自己燒」的效果。

在這裡再複習一下「滋生」的意義。「滋生」是指滋生出鈽二三九，在發電時，核燃料產生連鎖反應的同時，中子與沒有核分裂功能的鈾二三八也同時產生了一系列其他的核反應，產生了鈽二三九這個新的核燃料，滋生這個名詞由此而來。快中子核反應爐可以設計成以「滋生」為主的核反應爐，或設計成以「焚化」高階核廢料為主的核反應爐，設計的方法涉及所用的核燃料，可以有不同混合比例的高階核廢料與鈽二三九或鈾二三五，來製成不同的核燃料棒，利用其不同的驅動功效來使用，另外設計的方法也可涉及利用緩衝劑與爐心安排來調整中子的能量分布，使快中子與慢中子的比例會更能夠配合該型核反應爐所想要達到的目的。

6.5.1.1 快中子反應爐

在前面第三章描述了各式發電用的核反應爐機型，包括了快中子核反應爐，但是所描述的角度是解說它們以發電功能為主的特性，在這個章節裡，所呈述的重點在消滅高階核廢料所涉及的議題，與所必須具備的特色。

6.5.1.1.1 滋生反應爐或焚化核廢反應爐

　　四十多年前開始發展快中子核反應爐時，其主要目的除了可以發電之外，另一重要原因是這型核反應爐的特徵是能夠滋生鈽二三九，做為下一代核電的燃料。那時候的想法是，有一天世界上出自天然礦產的鈾二三五如果用完後，仍然可以生產出鈽二三九做為未來新一代的核燃料，所以在快中子核反應爐裡，一方面消耗核燃料的同時，利用快中子的特性與鈾二三八發生滋生的一系列核反應，生產鈽二三九因此，在那個時代，快中子核反應爐的全名就是快中子滋生爐（Fast Breeder Reactor）。

　　但是四十年過去了，快中子滋生爐並沒有如火如荼地大肆發展並被普遍使用，造成這樣的情況有三大原因：

1. 探勘發現了大量鈾礦，鈾原料並不匱乏，滋生鈽二三九不再迫切需要。
2. 快中子核反應爐的發展遇到一些技術瓶頸：
   a) 冷卻液用的是液態鈉金屬，在實驗型機組做實驗性運轉時，發現液態鈉洩漏。
   b) 快中子容易使建構材料減短使用壽命。
3. 在經濟效益上，若不從用過一次的核燃料中提煉出鈽二三九做快中子核反應爐的燃料時，就不必投入大量資金。

　　於是在近三十年內，大肆發展快中子核反應爐並未成為下一代核能技術發展的主流，用過一次的核燃料就被視為最終核廢料，其中仍然存在可以再使用的鈾，與滋生在內的鈽也被視為最終核廢料，期待他日可以一併與其他核廢料送入深層地底置放或密封。世界上的先進核電大國裡，採取這個策略的約占一半。但是也有另外一半的國家，並未採取這樣的消極做法，反而採取了積極政策，從用過的核燃料中，提煉出鈾與鈽當做再生核燃料使用，把純高階核廢料分離出，另外積極發展消滅高階純核廢料的技術來完全消滅高階核廢料，同時還藉此發電。法國在核電的發展與應用上是最積極的國家，不但全國發電量有 70% 是來自核電，也已經從使用過一次的核燃料中提煉出鈾與鈽，製成了再生核燃料放入核電廠再使用。

近十年，快中子核子反應爐又再度受到囑目，其原因有三：

1. 俄羅斯的快中子核反應爐 BN-600 已經開始嶄露頭角，有了初步商業運轉的成績，有著更高的發電量的新型 BN-800 也已經建設完成，改進型的 BN-1200 也開始研發與設計。

2. 世界上已有 400 多個核電機組，經歷了幾十年的運轉，累積了數量可觀的舊核燃料與核廢料，即使有的國家決定要完整地送入地底存置，但仍有可觀的部分，由於地底容量不足或有其他國家決定要再提煉出再生核燃料繼續使用，就須經過快中子核反應爐來消化所提煉出來的鈽與鈾，與消耗高階核廢料。此時，所需要的快中子核反應爐的機組數量也將會是一個可觀的數字。

3. 即使，用過的核燃料採取了完全不提煉的政策而整體送入深層地底，做永久的存置與密封，也會面臨「臨界」的安全問題。用過一次的核燃料棒內仍有未用完的鈾二三五與滋生出來的鈽二三三九，兩者有極長的半衰期，在相當長久的時間裡，這些核燃料元素不免有靠近的機會，為了防止它們形成能夠符合「臨界」條件之一的「集中」現象，這些核燃料元素就需要用玻璃化或陶質化的方式，使其材質與建構保持不變形達萬年之久，這樣的工作會加重了永存地底的先期工程，所以不如把核原料提煉使用，再用快中子核反應爐消滅高階核廢料，以減少地底永久存置的負擔。

再順便一提，「臨界」的描述與其成立的條件之一「集中」，在第二章核反應器物理中有比較詳細的解說。

於是，快中子核反應爐在近十年內，顯示了有其發展的必要，有幾個國家在近年推出新型的快中子核反應爐，在這裡舉一個例子來說明發展的新角度。前面第三章裡介紹下一代新型核電廠機型時，有敘述熔鹽冷卻式的焚化爐，但所解說的角度以發電為主，在此舉這個例子所要闡述的，是快中子核反應爐發展的一個新訴求。俄羅斯設計了一個新型的款式，稱為 MOSART，全名是 Molten Salt Actinide Recycler Transmuter，它是一個熔鹽冷卻式核反應爐，在第三章的介紹的角度是從新型機組的推出來詮釋，

由於這個機組依賴快中子的運行，從消滅高階核廢料的角度來考量其主要功能，彰顯了快中子核反應爐有其新趨勢的重要因素。

附帶一提，滋生的原文是 Breed，也可以翻譯成增殖，所以滋生核反應爐這個用詞與增殖核反應爐是相通的，稱爲 Breeder。

6.5.1.1.2 行波爐走過不留廢料

行波核反應爐的所依循的核反應器物理在第三章介紹新型機組時，已經做了深入的解說，解說重點在於行波如何形成，與用鈾二三八做主要原料時，所需達到臨界的物理現象，所有的設計秉持初衷，爲的就是要貫徹能源永續的理念。

行波核反應爐有幾個特色，讓它可以長期運轉而不必換燃料，而且運轉後不留下核廢料，這樣的特色都是基於幾個原因：

1. 行波爐屬快中子核反應爐，快中子可以消除核廢料。

2. 有強大滋生的能力，核反應爐「臨界」的維繫是依賴鈽二三九不斷的滋生。

3. 核廢料的產生，有只會消耗中子卻不能生產中子的損耗性，但是這個損耗性卻能夠被強力的滋生能力抵消，因爲強大的滋生能力可以生產足夠的鈽二三九，做爲行波爐的主要核燃料，而使連鎖反應得以持續。

所以，行波核反應爐的特色，是它的核廢料雖然會不斷地產生，但也會繼而不斷地被消滅，有這樣的消長，行波核反應爐在整個運轉時段仍然能夠保持「臨界」狀態，使連鎖反應持續，呈現出對自身產生的高階核廢料，也能自己消化的特色。

6.5.1.2 加速器驅動次臨界核反應爐

前面提到世界上已經有超過四百個核電機組，而且有許多機組已經運轉了幾十年，累積了不少核廢料，包括需要快中子核反應爐才能夠有效地消滅這些核廢料，由於近年這個必要性又開始浮現，於是一些國家也開始

了新設計快中子核反應爐的趨勢。

問題是，在所有已經設計出來、商業運轉模式下的快中子核反應爐，所具備的消滅純高階核廢料的能力尚不能有足夠的容量能夠完全消耗世界上已經累積龐大數量的核廢料。現在快中子核反應爐的設計，有的仍然負有滋生鈽二三九的使命，設計出來的快中子核反應爐，就有不同的程度的「焚化」功能。焚化核廢料的快中子核反應爐問世後有不同的款式，有的反應爐可以用來焚化單一個核電機組終生累積的核廢料，有的款式可以增產到有能力消耗至四個核電機組終生累積的純高階核廢料，這樣程度的消耗核廢料能力或者產能，其實仍然不足以處理世界上已經產生的與將來產生的所有核廢料。

從核反應器物理的角度來看這個問題，可以比較容易理解為什麼會有這樣的情況。闡明了這個問題的原理，也可以有助於了解加速器驅動次臨界核反應爐的原理，與它的發展之必要性。

前一段提到快中子核反應爐在焚化核廢料能力會受到某種程度的限制，而產生這種限制的罪魁禍首其實就是「臨界」，其原因在這裡會詳細說明。

一個核反應爐能夠繼續運轉，必須要有保持連鎖反應的能力，或者能夠一直維持「臨界」的條件，在核反應爐裡有足夠的核燃料就可以滿足這個條件，產生足夠的中子維繫著連鎖反應，而產生的快中子也與高階核廢料產生另類核反應，使核廢料被轉變成非核廢料的元素，使核廢料消失。

但是快中子也再繼續與核原料發生連鎖反應，又繼續產生高階核廢料，這樣的循環現象不止是雞生蛋蛋再生雞的迴路，而且還有雙面刃的效果，即快中子是消除核廢料的利器，又是生產核廢料的禍首，也是基於這個原因，一個快中子核反應爐，此時再置入外來高階核廢料，把核反應爐當成「焚化爐」來消滅外來的、更多的核廢料，這樣的任務對於核反應爐而言是一項額外的負擔，自然就會有消耗核廢料能力的上限。常見快中子核反應爐的功能，最多也只能負擔消耗 4 個現代核電機組所產生的核廢

料。

　　前面敘述了維繫中子數量有雙面刃的效應，也敘述了快中子核反應爐「焚化」高階核廢料的能力有其上限，這兩者都是因為核反應爐要維繫「臨界」的條件而「惹的禍」。於是，近幾年業界針對這個「瓶頸」，發展出「加速器驅動次臨界核反應爐」，英文原名是 Accelerator Driven Subcritical Reactor，簡稱 ADS。這種核反應爐的主要目的就是要除掉「臨界」這個「禍首」，於是「次臨界」核反應爐就因應而生。

　　次臨界核反應爐主要以快中子運行其中做為核反應的媒介，主要的功能是專職用於焚化高階核廢料，同時還可以發電。次臨界的物理意義是，它內部使用的核燃料數量不足，若要保持「臨界」狀態是不夠的，或者已經置放了很多的核燃料能夠產生足量中子，原本可以自給自足達到「臨界」，但是因為刻意加入了多量的高階核廢料，對「臨界」的條件而言，這些高階核廢料被視為「毒藥」，會吃掉中子而不會再生中子，使得整體中子量的再生能力不夠，因無法保持連鎖反應，而呈「次臨界」狀態。當然，這樣的狀態也是刻意的設計，設計的目的就是要使這個的核反應爐一直處於「次臨界」狀態，要反制「臨界」與消除「臨界」帶來的限制。

　　次臨界核反應爐常以鈽二三九為主要燃料，加上其他的鈽同位素如鈽二三八、鈽二四〇、鈽二四一與鈽二四二等，再加入數量可觀的高階核廢料，如錼（Neptunium）、鋂（Americium）、鋦（Curium）等元素的諸多同位素。這樣的成分所依據的原理是由鈽元素的核分裂反應產生快中子，而產生的快中子與準備被焚化的許多高階核廢料同位素，產生核反應而焚化了這些核廢料，這樣的燃料組合對消滅核廢料具有強大的效果，遠遠超過傳統的「臨界」式的快中子核反應爐在消滅核廢料方面的效率。

　　舉個例子來比較一下各種情況或各式機型它們消滅核廢料的效率。前面提到一個標準的「臨界」式的快中子核反應爐，它的焚化高階核廢料的能力是 1 對 4，意味著這樣的機組可以持續同步消化 4 個現在正在發電中核電廠所產生出的高階核廢料，而這裡描述的「次臨界」核反應爐，如

果把高階核廢料放在核原料內，把它的成分提高到 30%，即 70% 是鈽元素，它焚化高階核廢料的效率可達 1 對 6，如果核燃料內兩者的成分提高到對半，即 50% 與 50%，則效率可達 1 對 18，可見得「次臨界」核反應爐對焚化純高階核廢料的能力遠遠超過「臨界」式的快中子核反應爐。

　　表 6.2 顯示次臨界核反應爐所用的核燃料，其成分內，高階核廢料與鈽同位素的比例，可以造成在焚化核廢料的能力上，呈現出很大的差異。表 6.2 是摘自一個發表的論文，它代表著一個在這方面的研究，雖然不一定能反映出實際上已經執行成功的設計，但是這個研究的結論能夠充分反映出次臨界核反應爐，在焚化高階核廢料有強大的功能，而且燃料中，核廢料與鈽的成分上之比例，會造成差異很大的焚化功效。

表6.2　高階核廢料與鈽不同的比例的燃料，對焚化核廢料有不同之效果

高階核廢料與鈽之比例	可同步消耗現代核電廠高階核廢料之機組數
1.1/8.9	1.6
2/8	3.5
3/7	6.0
4/6	9.0
5/5	18
6/4	24
7/3	47

　　圖 6.1 是一個例子，呈現出幾個高階核廢料同位素在遇到快中子時，也能有核分裂的反應，雖然不一定能夠產生出多數中子，但是也是能夠產生核能而有助於助長這類機型做發電之用。用圖中一條曲線為例，自右第二條曲線代表著鋂二四一（Am241）遇到不同能量的中子時，所產生核分裂反應的機率，或者稱為反應截面積。鋂二四一元素遇到能量達 10^6eV，即有一百萬電子伏特的中子，也就是快中子，它的核分裂機率上升到 0.8，這意味著核分裂發生的機率很大，也表示快中子的存在可以促

使鋂二四一這樣的核廢料發生核反應而消失。

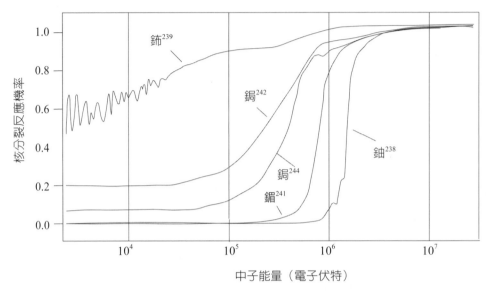

圖6.1　次錒系元素核分裂反應所需最低值

　　次臨界核反應爐內的中子必須由外界供應，因為自己內部不具備臨界條件，爐心自己無法維繫連鎖反應，核反應內部各處的中子流量必須先由外界引入中子源做為種子，這些種子中子竄入爐心內各核燃料棒內，與其中的鈽元素發生核分裂反應，就產生了第二代中子，繼而衝入其他核燃料棒，與其中的鈽再產生核分裂反應，瞬間，反應爐每一角落就都充滿快速飛揚的中子。但是由於鈽的總量不夠，無法生產出足夠的中子，加上在旁的高階核廢料吸食了中子，使中子產生的總量更顯得不足，無法自己維持連鎖反應，「臨界」狀態也就無法達成，一旦外界引入的中子源中斷，在爐心每個角落進行的核反應就會瞬間停止，所以「次臨界」核反應爐是要靠外界引入中子源來驅動爐內每個角落發生的核分裂反應與其他的核反應。

　　由外界引入中子源的做法，是從外界建造一個加速器，把質子加速到

極高的能量，約十億電子伏特（1GeV），導入這個核反應爐的中心，讓高能質子撞擊到放置在爐心的撞擊靶而產生數量可觀的中子，中子彈竄進入爐心成為核反應爐的中子源，這些中子繼而與鈽產生核分裂反應，又生出下一代的中子。

圖 6.2 呈現出高能質子由加速器送入次臨界核反應爐時，每粒質子撞擊箭靶後所產生中子的數量。這個中子產生的數量是質子能量的函數，從圖中可以看到，當質子能量是十億電子伏特（1GeV）時，每個質子所產生出的中子數大約是 27 左右，當然，如果質子能量加速到達到 15 億電子伏特（1.5GeV）時，每個質子可以產生 30 個中子，但是質子能量與加速器的成本有直接關係，所以在最近計畫的一些實驗型的「加速器驅動次臨界核子反應爐」，設計的加速器只設計在 6 億電子伏特（600MeV）左右。表 6.3 展示了各國準備建造的各類機型相關的重要運轉與設計參數。

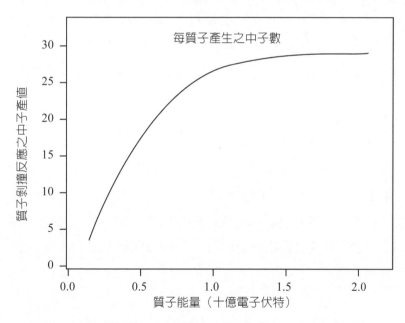

圖6.2　每質子產生中子數對質子能量之變化（十億電子伏特）

　　表 6.3 也列出可以適用撞擊靶的元素，這些元素被高能質子撞擊都可以產生出類似數量的中子，這些元素包括液態鉛鉍共熔晶體（LBE，即 Lead Bismuth eutectic）、鉛、鈦、鐒、鈾、鍀或鎢等。這樣的機型也屬快中子核反應爐，有較高的能量密度，它的運轉呈高溫狀態，可以選擇的冷卻劑包括了液態鉛鉍共熔晶體（LBE）、液態鈉、液態鉛或氦氣。液態鉛鉍共熔晶體（LBE）適用於質子撞擊靶的材料又可以當成熔鹽冷卻劑，這樣的巧合，常被近年幾個國家在初步研發與設計實驗型的機組時，採用為第一優先考慮的材質。

表6.3　加速器驅動次臨界核反應爐參數

5個重點參數	
1.加速器能量	600Mev或1GeV
2.質子傳出量	1mA或10mA
3.反應爐功率	60MW或100MW
4.撞擊靶元素	LBE、Pb、Ti、Np、U、Am或W等
5.冷卻劑	LBE、Na、Pb、He等（Eutectic＝熔融共晶物）

　　近十年來，世界上有許多國家在加速器驅動次臨界核反應爐這個議題上做了研究發展與初步實驗與設計，這些國家包括瑞士、瑞典、捷克、德國、比利時、西班牙、俄羅斯、中國、白俄羅斯、法國、日本、印度、義大利、韓國與美國。其中比較積極的國家有日本、中國、法國與比利時，這幾個國家已經展開了建置頗有規模的實驗型次臨界核反應爐，圖 6.3 呈現日本初步的機型，也公布一連串加大型機組與增強安全考量的雙管加速器設計。

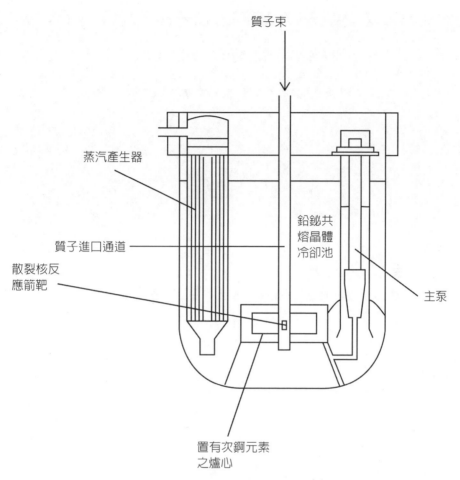

質子束

蒸汽產生器

鉛鉍共
熔晶體
冷卻池

質子進口通道

散裂核反
應箭靶

主泵

置有次鋼元素
之爐心

圖6.3　日本原子能署設計之加速器驅動次臨界核反應爐

　　法國、比利時與歐盟正聯手建造一個頗具規模的原始型機組，並有整套的加速器，加速器的長度約 300 公尺，第一期工程預定在 2027 年完工，屆時能送出能量達一億電子伏特（100MeV）的質子，第二期工程的目標，是要能夠傳送質子達到所設計的最高能量，第二期工程預定在2033 年完成，屆時，質子能量可達 6 億電子伏特（600MeV）。圖 6.4 是這個機組全廠的構想圖。

圖6.4　比利時密若示範廠（摘自《今日物理》月刊2018）

6.5.2 地底存置

國際上對於高階核廢料的處理分成兩大派，第一派以法國為主，主張把用過一次的核燃料提煉出可以再使用的鈽與鈾，製成再生核燃料放回核電電廠使用，近三十多年已在國內完整執行過全部流程，並替一些其他國家提供了提煉的服務，也製造再生核燃料讓他們使用，法國在消除純高階核廢料的發展上不遺餘力，與歐盟一些國家合作從事研發與建造具規模的實驗型核反應爐。

另一派的主張是完全不提煉，對產生的高階核廢料不採取任何消滅的處理，把用過一次的核燃料就完全當成全部是核廢料，不對它做任何處理，期待他日全體可以送入地底深處做永久性的置存或閉封。

許多國家的政策採納了把核廢料直接送入深層地底做永久處理，於是這些國家就從事建立地底核廢料處理場的準備工作，由於適合的地點所涉

及的要求範圍很廣，除深層地底的結構建設與阻隔輻射的工程之外，有許多涉及高階核廢與長期地質的共存的議題也需要進行分析，才能決定地點是否符合長期置放高階核廢料的要求。

　　地底核廢料處理場對地點選擇，所依循的原則分成兩大部分，第一部分是適用地點的選擇，第二部分是適用地質的考察。第一部分也屬於在核廢料安置完成，全部閉封之前所要考慮的原則，而第二部分屬於核廢料安置於地底全部閉封之後，地質長期存放核廢料，所有有關的技術性的考量。

　　圖 6.5 呈現一個一般性的地底深層核廢料置放場的示意圖。圖中除了顯示在地底主要置放核廢料的區域之外，也呈現了一個實驗型的區域，因為除了選址與建設工程的工作外，尚需進行許多地質方面的測量與實驗，以確保核廢料在長久時間內存置地下的穩定性。

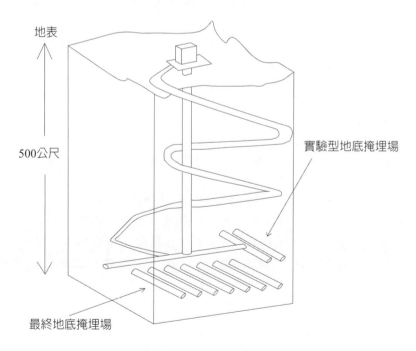

圖6.5　一般型地底掩埋場

6.5.2.1 地理要求

　　表 6.4 呈現了地底核廢料處理場在地理要求上的各種考量，根據這些考量，負責建設的構關或國家執行單位必須對所選擇的地點從事分析，這些工作多屬人文性質，需在選址前期做資料蒐集與分析的工作，以確認選擇該地點做為地底核廢料最終置放場地的可行性。

表6.4　地理位置考量

考量議題	考量主旨
人口密度與分布	考慮個人輻射劑量需要限定，避免鄰近人口稠密地區，遠離人口密度地區，高於每平方英里超過一千人政府在當地無法執行緊急疏散或迴避方案之地區
土地擁有權與控管權	核廢料控管當局有土地擁有權與控管權
氣候	當地的極端氣候不會引發輻射外洩事件
周邊其他設施	沒有其他設施會導致輻射超標情況
環境保護	環境的品質需受到保障，變遷或破壞可以即時矯正
社會經濟變化	社會經濟變化所產生的影響可以及時矯正，如水源缺乏與水質惡化之改善
運輸	運輸線之設計不會與地方產生衝突，可以依賴一般科技就可以建設，不需負擔超標的規格，不會造成環境之不好的影響
地表特質	開發時使用一般科技產品就可以執行工作
岩石特質	厚度與面積適中，沒有地質上的危險性，開發時使用一般科技產品就可以執行工作
水文條件	水流、水域與水文不會影響到處置場之建設 核廢料置放隔間之內壁與密封用材料不會受水文影響 使用一般科技產品就可以執行水文土程之建設
地震	使用一般科技產品就可以執行針對地質板塊活動所需的鞏固建設

6.5.2.2 地質要求

表 6.5 呈現地底核廢料處理場在地質要求上的各種考量，這些考量根據地質與水文的地區性質，針對高階核廢料在各種地底的情況，在長期後滲至地面的可能性與輻射的劑量進行科學分析，以確保輻射滲出劑量經過長遠的時間仍不會超過安全標準。根據這些考量，負責單位必須對所選擇的地點從事分析工作，這類工作多被國家實驗單位、學校或商業機構承擔。

表6.5 地質考量

考量議題	考量主旨
地質水文	地底水文對置於地底核廢料之隔離圍阻功能沒有影響
地質化學	地質化學對置於地底核廢料之隔離圍阻功能沒有影響
岩層特質	岩層的特性可以承受來自不同情況的應力，如熱應力、化學應力、機械應力與輻射應力
氣候變遷	氣候變化不會導致輻射外洩而使劑量超標
侵蝕	地質的侵蝕不會造成輻射外洩劑量超標
溶解	地層物質的溶解不會造成輻射外洩劑量超標
地震	任何板塊活動不會造成輻射外洩劑量超標
人為因素	防範任何人為因素造成輻射外洩劑量超標
探礦	任何探礦或採礦不會造成輻射外洩劑量超標
土地擁有權與控管權	核廢料控管當局有地表與地底的土地擁有權與控管權

6.5.2.3 固化需求

所謂固化的意思是把一些高階核廢料固體化，有的廢料的原始型態是液體，所以把它轉變成固體容易搬運與處置，有的核廢料為了減少體積，就用化學方法過濾出高階核廢料的成分，使必須做永久地底存放的體積大幅減少，以減少地底存放容量的壓力。

　　另外在核能安全上，要把核廢料先固體化，再送入地底處置場做永久性的封閉，此時，固體化這個名詞含有固定化或定形化的意義，這都是針對「臨界」安全上所採用的處理方法。原因是，若把用過一次的核燃料當成核廢料時，其中會有沒有用完的鈾二三五與滋生出來的鈽二三九，假以時日，而且是相當長久的時日，難以保證這些可以做核分裂核反應的元素，永遠互不靠近而呈「集中」的現象。在前面第二章有敘述核反應「臨界」的兩大條件之一就是「集中」，為了有效地防止這些核燃料經過極度長久時間有任何「集中」的可能性，這類的核廢料就需要被做定形化的固化處理。

　　這裡用幾個例子來描述一些固化的過程，其目的並不是要做專業性的闡述，而是希望用簡短的篇幅來傳遞幾個固化的概念。

6.5.2.3.1 玻璃固化法

　　英國有一個工廠做了高階純核廢料玻璃化的程序，它的步驟是把用過一次的核燃料提煉出可再生的鈾與鈽後，剩下的純高階核廢料用滾筒式加熱法把廢料加到高溫，其目的是驅除水蒸氣與分解出廢物中的氮化物與硝酸根，過程中加入碎玻璃，用高溫最後製成玻璃產物，使高階純核廢料玻璃化，在以後的長遠時間裡，玻璃性質之物質不易溶解，大幅減低其游離性而令存在其中的高輻射廢料不再移動。

　　因為這些廢料的來源是從核廢料提煉出鈽與鈾之後的剩餘品，都是純高階核廢料，而前期提煉的手段是用硝酸為主要溶劑來分離鈽與鈾元素，使得剩餘品多以硝酸鹽形式存在，用高溫法驅出氮化物與硝酸鹽的硝酸根成分，是為了使玻璃化成品能增加更高的化學穩定性。

6.5.2.3.2 晶體陶質磷酸鹽固化法

　　上節所敘述的玻璃化，主要玻璃材質來自矽硼化合物，近年來學界在這個議題上做了更多的研發，考慮用其他不同的材料做為固化的主要材質，以磷酸鹽為本位的晶體陶質固化法被大規模研究，其目的是要針對純核廢料中輻射強度高的鋼系元素，需要有更強的耐腐蝕性的材質來做固

化材料，而且這類材質在遠久時間裡對不同的酸鹼值、化學變化、溫度變化、密度變化都呈現更佳的穩定性，有助於限制高階核廢料之移動。

6.5.2.3.3 離子分離水泥固化法

一些中階核廢料適用於離子分離法，其主要目的是減少體積，做法是用氫氧化鐵的濾網，用化學方法收集了在混合液內的放射性金屬，剩下放射性較低的泥渣與水泥混合形成固體，方便處理，也容易保持在長期裡不易洩逸。

6.5.2.3.4 合成岩料固化法

值得一提的是一位在澳洲國立大學的教授泰德仁伍（Ted Ringwood），發明了一種合成岩質材料用來固化核廢料，而且已經用於處理核廢料提煉的過程所產生的高階廢料，這個合成的材質主要來自天然礦物，含有燒綠石（Pyrochlore）與隱三聚氰胺（Cryptomelane）之類的礦石，做成合成材質的成品中，以主要成分的立方鋯石（Zirconolite，$CaZrTi_2O_7$）與鈣鈦礦（Perovskites，$CaTiO_3$），來用做固化錒系元素高階核廢料的主要材質，針對鍶與鋇的核分裂物也用鈣鈦礦（Perovskites）來當固化材料，對銫元素的核分裂物就用鈣鐵礦（Hollandite $BaAl_2Ti_6O_{16}$）做為固化材料。

6.5.2.4 從事深層地底存置核廢料的國家

幾十年以來，許多國家已經從事建造深層地底安置核廢料之場地，但是在最終選擇的地點做大規模的投資與開始全面建設之前，需要從事一系列準備的工作，確保最終處置場之地質、地理與人文的考量都已經完整地分析與處理完畢，這一切的工作都依賴事先所建設的地底研究實驗室，先進行地質樣本分析、鑿石穿井採樣、地質特性鑑定、模擬實地情況等前期工作。許多國家的前期地底研究實驗室的地點也被定位成最後做為最終核廢料處置的場地，但兩者並非完全相同。表 6.6 呈現建設地底研究實驗室的國家，表 6.7 呈現準備建設地底處置場的國家與進行的現況。

表6.6　各國的地底研究實驗室

國家	地點	深度	現況
比利時	莫爾（Mol）	233公尺	1982年啓用
加拿大	屏那瓦（Pinawa）	420公尺	1990-2006年
芬蘭	偶克勞托（Olkiluoto）	400公尺	建設中
法國	布爾（Bure）	500公尺	1999年啓用
日本	幌延（Horonobe）	500公尺	建設中
日本	瑞浪（Mizunami）	1,000公尺	建設中
韓國	大田（Daejeon）	80公尺	2006年啓用
瑞典	歐式卡鄉（Oskarshamn）	450公尺	1995年啓用
瑞士	格瑞姆澀隘口（Grimes Pass）	450公尺	1984年啓用
瑞士	特瑞山（Mont Terri）	300公尺	1996年啓用
美國	亞卡山（Yucca Mountain）	50公尺	1997-2008年

表6.7　各國深層地底核廢料安置場

國家	地點	廢料種類	深度	現況
阿根廷	割斯鎚（Gastre）			研討中
比利時		高階核廢	225公尺	研討中
加拿大	安大略省（Ontario）	用過核燃料		選址中
中國	北山		300-700公尺	研討中
芬蘭	偶克勞托（Olkiluoto）	低階與中階核廢料	60-100公尺	1992年啓用
芬蘭	羅宜莎（Loviisa）	低階與中階核廢料	120公尺	1998年啓用
芬蘭	偶克勞托（Olkiluoto）	用過核燃料	400公尺	已啓用
法國		高階核廢料	500公尺	選址中
德國	薩克森下游 （Lower Saxony）		750公尺	1995年關閉
德國	薩克森-安哈特 （Saxony-Anhalt）	低階與中階核廢料	630公尺	1998年關閉
德國	郭勒奔（Gorleben）	高階核廢料		提案擱置
德國	沙赫特康瑞德 （Schacht Konrad）	低階與中階核廢料	800公尺	建設中

國家	地點	廢料種類	深度	現況
日本		玻璃化高階核廢料	深於300公尺	建設中
韓國	慶州（Gyeongju）	低階與高階核廢料	80公尺	建設中
瑞典	弗斯馬克（Forsmark）	低階與中階核廢料	50公尺	1988年啓用
瑞典	弗斯馬克（Forsmark）	用過核燃料	450公尺	申請執照
瑞士		高階核廢料		選址中
英國		高階核廢料		商議中
美國	新墨西哥州（New Mexico）	超鈾元素	655公尺	1999年啓用
美國	亞卡山（Yucca Mountain）	高階核廢料	200至300公尺	擱置中

6.5.3 提煉再生使用

所謂提煉是指從用過一次的核燃料中，把其中鈾與鈽再提煉出來，以供未來當成再生燃料使用。

現在世界上商轉的核能電廠，有 400 多個機組，約三分之二是壓水式核能電廠，三分之一是沸水式核能電廠，它們用的核燃料有一共通點，都是以鈾爲主要成分，但是核燃料用一次以後，選擇不提煉的能源政策或核廢料政策，就把用過的核燃料整體當成核廢料處理，若選擇要進行提煉的能源政策，就要把其中的鈾與鈽提煉出來再使用，剩餘的物質包括高階核廢料與核分裂衍生物，再另外做處理或不處理的處置。

用過一次的核燃料，其中的成分大約是鈾佔 95%，鈽佔大約 1%，次鋼系元素也就是高階核廢料佔 0.1%，核分裂衍生物 4%。

所謂的提煉，不只是把可以再當成核燃料使用的鈾與鈽分離出來，也可以把高階核廢料同時分離出來，高階核廢料可以送入深層地底處置場，也可以當作其他類燃料，前面有一章節，討論了高階核廢料也可以被「焚化」，同時也可以產生能源用來發電，這都拜它與快中子有核分裂特色之

賜，原理與設計也在前面幾頁關於「快中子核子反應爐」與「加速器驅動次臨界核反應爐」的章節裡，提供了細節。

6.5.3.1 提煉方法

從用過的核燃料中提煉出鈽與鈾，英文的名稱是 Reprocessing，或「再處理」。它涉及複雜與冗長的步驟與許多特殊的溶劑，而這個章節主要目的是要有效率地提供一個全面與整體的概念，而不著重於過於專業性的化學反應方面之討論，許多化學過程與使用溶劑也都已在一些學術刊物中發表了關鍵性的細節，所以這裡的解說是設計成精簡的陳述，以傳達主要觀念為主。

從用過的核燃料提煉出鈽與鈾，也同時分離出高階核廢料，早在七十多年以前就已經開始，這裡會陳述三個方法，第一個與第二個方法屬化學分離法，第三個方法是電解法，不涉及各式繁雜化學溶劑之使用，是偏向於電化學或電荷移動的物理方法。第二個與第三個方法是比較進步的新型方法，都在近十年所研發出來的。

6.5.3.1.1 鈽鈾化學分離法（PUREX）

PUREX 是個響亮的專有名詞，在「再處理」的這個專業裡，也是一個頗為聳動的名詞，因為它涉及了一個國家在政治、軍事與經濟上，在國際間處境與互動的關係，對這些議題下面會做進一步解說。

PUREX 是這幾字的縮寫：Plutonium Uranium Reduction Extract，意思是「鈽鈾還原抽離法」，這裡的還原是指化學反應中的「還原」。而化學還原這個方法的主要原則，是依照鈽、鈾與許多核廢料中的諸多元素，它們有不同的化學性質，而對某些化學物質會有不同的效應，根據這些效應的差異特質，就使用不同的溶劑來使它們一一分開，當然，化學分離法涉及的變數包括了過程器皿的大小、油脂之選擇、洗脫用劑、酸鹼值、通過流速、溫度等，但最後達到分離目的，找出適當的溶劑才是化學分離法成功的基本因素。

　　用化學方法把鈾與鈽從用過的核燃料分離出來的第一步是用硝酸把它溶解，先全部變成液體，此時鈽與鈾的成分溶解成液態，經過過濾以後，再加入特殊的碳氫化合物，可以形成鈽與鈾的特別化合物。譬如，特殊的碳氫化合物可用磷酸三丁酯與正十二烷的混合溶劑，加入已成形的鈽鈾硝酸物，形成磷酸三丁酯與硝酸鈾的共晶體，可以把鈾元素分出，這樣的步驟與概念也適用於鈽元素的分離，所以被分出來的成分同時含有鈾與鈽的析出物質。

　　下一步就是要把鈽從鈽鈾混合體分離出來，這就需要執行更多的還原過程。此時所需要用的分離溶劑，需含有二乙基羥胺、硫酸亞鐵與聯氨的液體，這些特別化學物與鈽鈾混合液體作用後，鈽會與這些化學物產生含鈽的化學根，而被分離出。

　　圖 6.6 呈現的是一個簡化的示意圖，其主要目的是要傳達所涉及的基本概念，而實際上的操作遠比此圖所顯示的更為複雜，沒有展示的細節有：鈽鈾混合體被分離出來以後還會被送至起點，再次加入適當溶劑以增進分離效率，溶劑也會被再淨化做循環使用。

　　表 6.8 呈現用這個方法提煉鈽與鈾的國家與工廠所在地，這許多工廠場地其中有些已有了幾十年的歷史。

表6.8　鈽鈾化學分離法之國家

國家	提煉廠或場地
法國	拉黑格（La Hague）
俄羅	馬雅克（Mayak）
英國	沙勒菲爾德（Sellafield）
日本	東村（Tokaimura）
美國	西谷（West Valley）
美國	沙瓦那河（Savannah River）
美國	漢福特（Hanford）
美國	愛達荷國家實驗室（INL）
美國	橡嶺國家實驗室（ORNL）

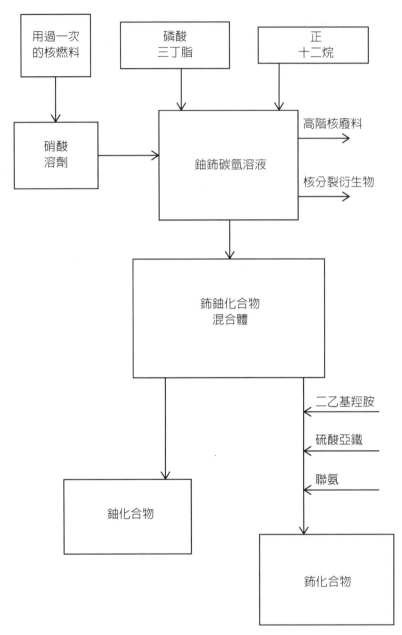

圖6.6　鈽鈾化學分離法簡化示意圖

6.5.3.1.2 鈾化學分離法（UREX）

鈽鈾化學分離法已經有超過六十多年的歷史，近年來，分離的方法也逐步有了新的進展，累積的經驗與研發的成果，在近十年研發了不同的、新的、更有效率的溶劑，更重要的是這些新的方法更具備了針對性的分離效果，除了鈽與鈾能夠分離出來，又可以針對高階核廢料中的諸多不同元素個別分離出來，因而能針對這些不同的元素進一步的處置規劃。

大約在十年前左右，美國發展出了一套主要以分離鈾的一系列之化學分離法，分離出來的鈾可以一用再用，但是高階核廢料鈽持有高度輻射性，也有核武擴散的顧慮，所以這套方法刻意把鈽與高階核廢料留置在一起，增加了把鈽提煉出來的難度，以免被有意人士盜用做為核武原料，研發的成果卻也使整體化學分離法提高了效果。

前面曾介紹一個名詞，叫「超鈾元素」（Transuranic），鈾的原子數是 92，任何元素它的原子數若超過 92 皆稱之為超鈾原素，而鈽之原子數是 94，高階核廢料之元素都屬鋼系元素，統稱次鋼系元素，它們的原子數也都超過 92，所以鈽與這些次鋼系元素統稱之為「超鈾元素」。在這裡所談的鈾化學分離法，視所有超鈾元素為同一群族。

另外有幾個核廢料的成分有其特殊的性質，也在這套方法被特別有針對性地進行了分離，例如核分裂衍生物（Fission Products），其中，銫同位素（Cesium）與鍶同位素（Strontium），它們會產生比較高的蛻變熱與偏高的輻射性，所以被視為同類，另外兩個元素，鎝（Technetium）與碘（Iodine）同位素，它們有偏高的輻射性，所以在分離的過程中也被視為同類，它們的最後處置方式也秉持著相同的策略，送入地底永久處置場或送入加速器驅動次臨界核反應爐內，用「焚化」方式處理。

高階核廢料屬次鋼系元素，包括了它們的諸多同位素，都因為它們的高輻射性有著極長的壽命，所以被視為同類，同時在鈾化學分離法中也一併通過同一化學過程，這些元素都是鋂、鋦與鉲的同位素。

表 6.9 呈現這個鈾化學分離法，可以分為九個不同的系列或族群，不

表6.9　鈾化學分離法各種程序分離產物

九種程序	產物1	產物2	產物3	產物4	產物5	產物6	產物7
1	鈾	錼	鈀/鉍	超鈾元素/鑭系核分裂衍生物	核分裂衍生物		
2	鈾	錼	鈀/鉍	超鈾元素	核分裂衍生物/鑭系元素		
3	鈾	錼	鈀/鉍	鈾/超鈾元素	核分裂衍生物/鑭系元素		
4	鈾	錼	鈀/鉍	鈽/鋂	鋂/鋦/鑭系元素	核分裂衍生物	
5	鈾	錼	鈀/鉍	鈾/鈽/鋂	鋂/鋦/鑭系元素	核分裂衍生物	
6	鈾	錼	鈀/鉍	鈽/鋂	鋂/鋦	核分裂衍生物/鑭系元素	
7	鈾	錼	鈀/鉍	鈾/鈽/鋂	鋂/鋦	核分裂衍生物/鑭系元素	
8	鈾	錼	鈀/鉍	鈽/鋂	鋂	鋦	核分裂衍生物/鑭系元素
9	鈾	錼	鈀/鉍	鈾/鈽/鋂	鋂	鋦	核分裂衍生物/鑭系元素

同的族群各有一些分離過程的不同組合，每一個組合或族群可以分離出不同的產物，並能針對分離出產物的特色做適當的分類。它的意義是，這個分離法可以成功的分離出不同族群的核廢料後，對它們以後的應用與最終處置的共同方式，提供了在規劃上很大的方便。當然，可以再生使用的鈾占了全部分離物質的 95%，表中的第一縱行標示出來的就是鈾，它的分離是這個方法的主要目的，所以這套分離方法也以此命名，稱之為鈾化學分離法。

這一套近年發展出來的方法與前一章節所闡述的鈽鈾化學分離法，有幾項重大的差別，除了這一套分離法的九種程序族群，各一個族群都增加了重複的循環再提煉與溶劑淨化的功能外，也提供了新的溶劑，針對不同的物質群組做有效的分離。

譬如，表中第三縱行所列出來是第二種分出的產物是鎝（Technectium）同位素，所用的分離器皿是離子交換器，所使用的分離劑是一種聚乙稀比錠（Polyvinylpyridine），它的作用是它可以把鎝元素與鈽分開。第四縱行的產物是銫與鍶元素，它們的析出是依賴了一個化合劑含有雙醣脂氯化鈷（Chlorinated Cobalt diCarbolide）與聚乙烯乙烯乙二醇（Polyethylene Glycol），整體化合劑簡稱 CCD_PEG。把鑭系元素與超鈾元素分開，所用的溶劑是磷化物分離劑。把高階核廢料次錒系元素分離出，所用的分離劑是雙式乙基已基磷酸（Di-2-ethyl-hexyl Phosphoric Acid）。

把鑭系元素與超鈾元素分開，另外有一個重大意義，超鈾元素基本上是鈽與次錒系元素的組合，這個組合適用於快中子反應爐或加速器驅動次臨界核反應爐當成燃料，因為這些元素很容易與快中子產生核反應，快中子與鈽可以產生核分裂反應，有助產生更多的快中子，次錒系元素也容易與快中子產生核子反應而使自身改變，成為輻射不強壽命不長的元素，消滅了高階核廢料又同時產生了能量用來發電。

用過一次的核燃料中的鑭系元素，對中子而言，都有一個不受歡迎的

特性，它們容易吸收中子而不再產生中子，這種特質在核反應器物理的專有名詞裡，稱之為「毒藥」（Poison），如 6.5.1 節所描述的，它們傾向「吃」掉中子而不「吐」出中子，所以鑭系元素的存在是再生核燃料在核反應爐裡的一個負擔，因為它們有礙中子在核反應爐裡從事所需要的核反應。再者，在用過的核燃料內，鑭系元素存在數量的比例比次錒系元素要高出 50 倍之譜，所以用化學分離法早日除去，可以保障再生核燃料的使用效果。

6.5.3.1.3 物理高溫電解法（Pyroprocessing）

提煉的方法，除了前面所敘述的化學分離法之外，近十年以來，有另外一種屬於物理性質的提煉方法，就是電解法，嚴格來說，這個方式屬於電化學的範疇，與電解與電鍍的技術一樣，唯一重要的不同之處是這種電解或電鍍所用的液體不是低溫溶液而是高溫熔液，是高溫的熔鹽在高溫下熔成液體，做為電解或電鍍之主體，讓電液通過，使熔在主體內離子化的鈽、鈾與次錒系元素，奔向電解糟的陰極，達到分離的目的。

這個方法取名為物理方法是要刻意把這個方法，與上面所敘述的兩個方法做個誇張的區分，因為上面兩個方法的特性，是使用許多不同有特色的溶劑，利用它們不同的化學特性產生有針對性的化學反應，使得各種物質藉由不同的化學反應而得以分離，但是這些都是化學性質的化學反應。而物理高溫電解法利用的特性，是這些物質離子化以後，因為處於電場中，在整體的電路上依靠離子的電動勢而奔向所屬的電極，所以具有物理性質，就被取名為物理電解法，它的英文名稱是 Pyroprocessing。

另外化學分離法與物理分離法，也有另外不同的名稱，在核廢料提煉的專業裡，化學分離法被稱為「溼」法，而物理法被稱為「乾」法。

這兩類方法，互相並沒有競爭性，而且不但如此，兩者還互相有互補性，能夠補足另一方法所沒有完全達成的任務，這裡會用一個實例說明，而在下一章節裡，會說明這兩個方法都各有其單獨存在的必要性，而且它們各自有不同的適用場合。

　　圖 6.7 呈現物理高溫分離法的裝置與物理現象，這個方法主要適用的對象是用過的核燃料，但是限於金屬核燃料，即金屬鈾或金屬鈽，而不適用於氧化鈾或氧化鈽做核燃料所產生的核廢料，先呈現這個圖，是要用這個例子說明所涉及的物理現象與原則，氧化鈾或氧化鈽核燃料的過程會在下兩圖中有所說明。

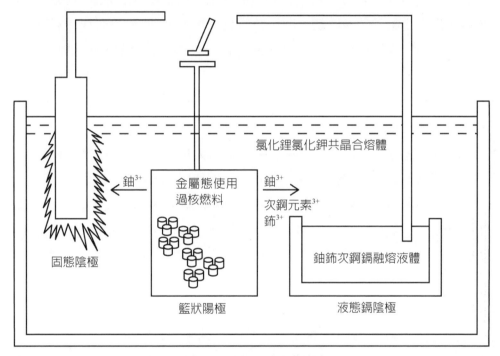

圖6.7　高溫提煉法原理

　　用過的核燃料先壓成碎片，放在籃子狀的容器中，籃子連接在陽極上，浸在熔鹽裡，熔鹽是氯化鋰與氯化鉀的熔融共晶體（Eutectic），因為保持在高溫下，熔鹽呈液體，在熔鹽內的陰極有兩個，一個是固體金屬，另一個是液態鎘金屬（Cadmium，簡稱 Cd），如圖中所示，也沈入熔鹽中。分離過程是通電後，會產生電解電鍍現象，鈾離子奔向固體陰極

而附著於上，部分鈾離子、所有鈽離子與次鋼系元素離子奔向液態鎘陰極而聚集其中，使這些元素得以分離。

在前兩個章節裡敘述了鈽鈾化學分離法，第一步就是把用過的核燃料全體溶解於硝酸中，所分離的對象是氧化物型態的核燃料，即氧化鈾，而不是金屬鈾或金屬鈽，所有的物質先變成硝酸鹽，以後的步驟是再用不同的溶劑，分離出不同的成分。這個過程會產生大量剩餘溶液，因為其中仍含有次鋼系元素高階核廢料，所以整體呈高輻射性液體，它有一個常用的名稱，高輻射性液態廢料（High Level Liquid Waste，簡稱 HLLW）。其中由於仍有多量殘留的鈾、鈽、次鋼系元素、核分裂衍生物（Uranium、Plutonium、Minor Actinides、Fission Products），簡稱 U、Pu、MA、FP），仍需要做進一步的處理。

圖 6.8 呈現從鈽鈾化學分離法所殘留的大量高輻射性液態核廢料，可以用物理高溫分離法繼續處理，把其中的四大成分分離出來。

因為物理高溫分離法適用於金屬核燃料的廢料，而現在大部分核電廠的核燃料都是氧化物二氧化鈾，所以要採用這方法需要先把氧化物核燃料的廢料先還原，再轉變成氯化物，再進行物理高溫分離法。

變成氯化物有一重要目的，它可以與分解糟的氯化鹽熔鹽有相容性，核廢料變成氯化物以後就適用於物理高溫分離法，進行電解電鍍過程達到分離出鈽、鈾與次鋼元素之目的。圖中所示的第一步是消除硝酸根（De-nitration），把硝酸鹽變成氧化物，第二步是把氧化物轉變成氯化物，最後再置於大電解糟中執行電解電鍍過程，把熔於熔鹽中的鈾、鈽、次鋼系元素三大成分，從離子型態析出，呈金屬型態，而可以製成金屬再生核燃料。

金屬再生核燃料適合用於快中子型態之核反應爐，也包括了加速器驅動次臨界核分爐。電解糟最後剩下溶液，可用針對性的鹽類如沸石（Zeolite）與核分裂衍生物（Fission Products）在離子分離器中作用使之分離出。

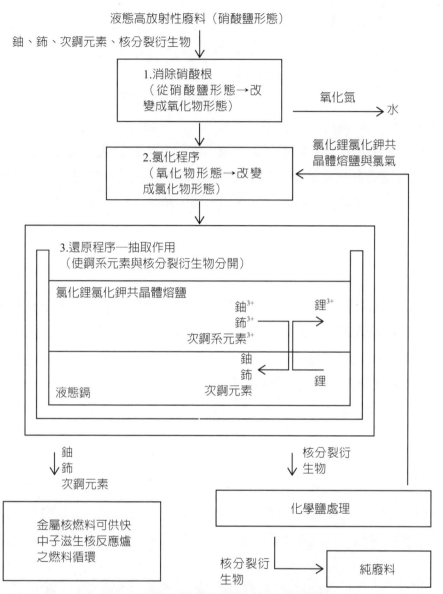

圖6.8　液態高放射性核廢料之高溫處理法

這個方法有幾個優點：

1. 工廠體積小。因為不必涉及針對各類化學溶劑的反應糟，如反應糟數量多就需要面積大的場地安置。

2. 沒有水質溶液，不必擔心因為水的存在而意外引發水的「緩衝」效應，造成「臨界」事故。

3. 鈽不會特別與次錒系元素分離，就沒有核武擴散的擔憂。

4. 高溫熔鹽核反應爐的核燃料與冷卻劑是一體的熔鹽，可以直接導出核反應爐，導入分解糟，執行物理高溫分離法，同步從液態核燃料中分離廢料，或滋生出的核燃料。

在早期，美國的布魯克黑芬國家實驗室、橡樹嶺國家實驗室，與漢福特區都在這個領域中做初步的研發，大約在三十多年前，這個提煉方法被美國阿岡國家實驗室進行了相當規模的研發，頗有積效。近十年有些國家為了增加提煉效果，開始積極從事物理高溫分離法的研發、設計與做產業化的準備，這些國家包括了美國、日本、歐盟、法國與俄羅斯。

6.5.3.1.4 核燃料循環與兩者提煉方法之組合

前面介紹了從用過核燃料中提煉出鈾與鈽的兩類方法，有「溼」化學法與「乾」物理法，這些方法原來的目的是提煉出可以再生的核燃料做循環使用，但是無形中，執行的成績也具備了分離的效果，能夠把高階核廢與核分裂衍生物也同時分離出來，而且若採用了先進的高階核廢處理方法，就必須先把它們從用過的核燃料中分離出來再併入另型核燃料，送入快中子核反應爐或加速器驅動次臨界核反應爐內，把它們「焚化」使之消失。

「焚化」高階核廢料就是藉快中子與它們產生核子反應，轉換成其他低輻射的元素，這個過程稱為「嬗變」（Transmutation），而分離的英文稱為 Partition，這個兩個字的合稱 P and T，是近年來由於處理高階核廢料技術的演進，而成為被常常引用的名詞。

提煉、分離與焚化這三個名詞不但互相難以分割，它們也同時是核燃

料循環常用的辭彙,近年日本提出了一個雙層核燃料循環的大藍圖,也被其他國用來當成一個全面的參考,因爲這個雙層循環提供了一個完整的循環過程,不但在每個核燃料使用階段有適時又適合的提煉方式與方案,也針對再生核燃料提出最有利的使用策略,整體方案呈現的是一個很有效率的大藍圖,而且對許多單獨個體的運作也都恰得其位。

圖 6.9 呈現出日本在幾年前所提出來的雙層核燃料循環大藍圖,這是一個簡化示意圖,目的是要表達幾個簡潔的概念:1. 現今核能電廠的核燃料,使用過以後可以提煉出再生燃料,送回電廠再使用;2. 提煉的過程涉及了「分離」與「嬗變」;3. 分離出來的鈽與次錒系高階核廢料可以製成另類燃料,送入加速器驅動次臨界核反應爐使用,使用後的燃料可以再重複分離的步驟,再製成另類核燃料送回爐中再用,分離出來的核分裂衍生物就送入深層地底處置場。

圖 6.10 所呈現的也是雙層核燃料循環的概念,表達相同的大藍圖,但標明了一些重要的細節:1. 在第一層的燃料循環裡,核燃料提煉的方法是鈽鈾化學分離法;2. 第二層循環裡,提煉方法是採用物理高溫分離法;3. 每層的分離法執行後,在策略上都把產出的核分裂衍生物送入深層地底處置場。

圖 6.10 所標明的第一項與第二項細節,說明了化學提煉法與物理提煉法兩者沒有競爭性,由於它們針對的對象有所不同,所適用的循環層也恰得其所。

6.5.3.2 提煉的優點

把用過的核燃料從事提煉,有幾項優點:

1. 提煉出來的鈽與鈾可以當作再生核燃料,再使用。

2. 分離出來的高階核廢料可以用嬗變使之焚化,其過程能夠產生能量供發電用。

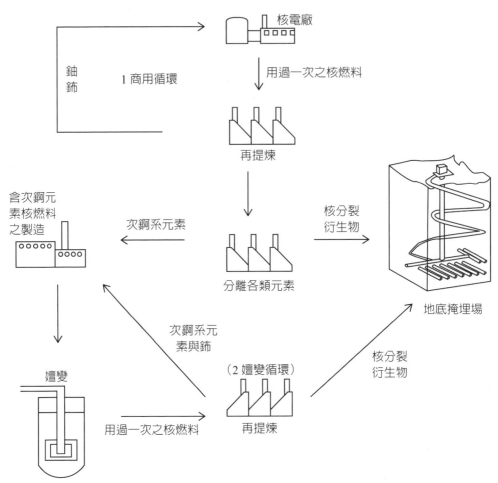

圖6.9　日本採用之雙層次核燃料循環策略

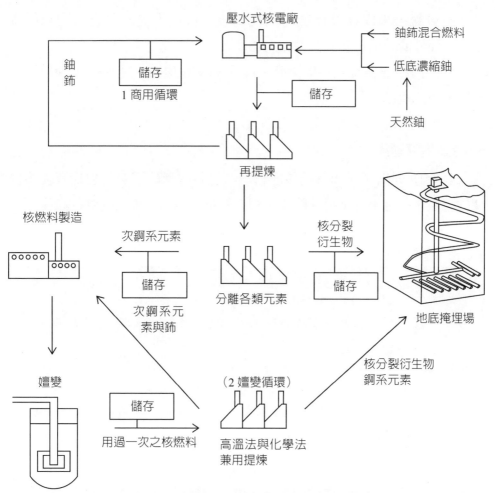

圖6.10　中國採用之雙層次核燃料循環策略

3. 分離出來的高階核廢料被焚化後，可以大幅減少它們的輻射劑量，全面性的減低危害人體健康的機率。

4. 高階核廢料焚化後，大量減少了高階核廢料，能夠減少深層地底掩置廢料的負擔。

6.5.3.3 提煉國家

表 6.10 列出了三類有關核廢料或核燃料提煉的國家，包括有從事提煉的國家、決定不從事提煉的國家與曾經提煉過但又停止提煉的國家。

表6.10　提煉的國家

核料處理	國家
已提煉	法國、中國、日本、俄羅斯、英國
未提煉	加拿大、芬蘭、匈牙利、立陶宛、羅馬尼亞、斯洛維尼亞、南非、美國、西班牙、瑞典
曾提煉，目前暫停	比利時、德國、西班牙、瑞典、瑞士、烏克蘭

有的國家認可了提煉的優點而設定了核能政策從事提煉，有的國家礙於核武擴散的擔憂，與不願投入必要的大量前期投資，而決定不從事提煉，也有的國家從事提煉後，因為不願再承擔經濟上的風險，或國家政策有所改變，或由於核武擴散的考量，就不再繼續從事提煉，更多的細節會在下面的章節，根據不同的議題而做一些這方面的討論。

6.6 核廢料與核武的關係

　　1945 年 8 月 6 日投擲在日本廣島的原子彈，所用的原料是鈾二三五，1945 年 8 月 9 日投擲在日本長崎的原子彈，所用的原料是鈽二三九，用過一次的核燃料，如果被稱為核廢料，含有沒有用完的鈾二三五與滋生出來的鈽二三九，如果提煉出來，湊足接近臨界質量的存量，就容易製造成原子彈。當然，所有製造的過程與工程藍圖仍屬機密，但是野心人士或恐怖份子有這方面的企圖時，第一步就是要蒐集足量的鈾二三五或鈽二三九，於是用過的核燃料就會因為核武擴散的擔憂而分外受到重視。

　　用鈽二三九為例，用平均數字來陳述概念，一個現代的核電廠核反應爐，在消耗核燃料鈾二三五的同時，每年能產生出大約 130 公斤的鈽二三九，遠遠超過鈽二三九的臨界質量（大約 10 公斤），當然這些鈽都存在於使用過的核燃料裡，要取出做核武用途，還需大費周章地經過繁瑣的提煉過程，必須有大規模的廠房與防範高度輻射的設備才能達到目的，所以從核能電廠所用過的核燃料中，直接取出核武原料並不是很容易的事。

　　但是，基於核武擴散的考量，防範不肖業者盜取之可能性，有一個國際性組織——國際原子能總署（International Atomic Energy Agency，簡稱 IAEA），為了這個考量，在世界各地的核能電廠核反應爐與存放用過核燃料的儲存池旁，都設置即時同步監視的設備，以防範外來的不法之徒或監守自盜的主人，擅自移動了使用過的核燃料，這一切的安排與已投入大量經費與人力的工作，意味著用過的核燃料與核武有密切的關係。這個議題，加上進一步闡明國際原子能總署的任務與防範核武擴散的陳述，會在下一章內有詳細的說明。

處理核廢料的一些考量

如何處理核廢料這個題目，會涉及到從已用過核燃料的提煉策略，其實它是整個核燃料循環議題的一部分，牽涉到國家的政策，也受著國際趨勢的影響，與軍事、政治與經濟有著密切的關係。在軍事上，它是核武擴散的一個主角，下一個章節，第七章完全取材於防範核武擴散這個話題，核廢料的提煉與處理在這一章裡已占了不少篇幅。

經濟與政治這些領域與處理核廢料都有著密切的關係，近年來這個議題的走向，也完全受制於這兩個領域的在這幾年間發生的變化。

6.7.1 經濟考量

用美國做一個例子。美國採取了不提煉的策略，不從用過的核燃料提煉出再生燃料有二大主要原因：1. 原以為世界鈾礦所產生的鈾會有用盡的一天，鈾若用完了，以後的核原料需要依靠再生的鈽，所以早期發展了核燃料循環的計畫，與快中子滋生核反應爐的研發與初步建設，但是事後發現世界的鈾礦蘊藏仍有很多，原來的擔憂不再存在。2. 現代核能電廠已經運轉了幾十年，用過的核燃料中所滋生出來的鈽已有不少產量，因為鈽也是核武的原料，所以連帶有核子武器擴散的擔憂。

上面所陳述的第一個原因是經濟上的考量，面對著提煉工程的前期投資，經濟效益上必須要能夠很快的看到優勢，才能付諸進行，但是若缺乏說服力，對美國而言，一直是以經濟的前提為優先考量，就不急於投產於核燃料循環大業，於是從事提煉的政策就暫時擱置了。

如果不對用過核燃料加以提煉，而把直接送入地底處置場，在準備或

進行處置的過程中，仍然冒有核武擴散的危機，所以這個作法並未解決真正的問題。而且一旦他日美國經濟情況若有所改變而改變了態度，又視廢料成燃料，重新認定用過的核燃料有需用的價值就會再度考慮提煉，因此美國此時雖然沒有採取全面提煉的政策，對於以後採取不同的作法仍然持開放態度。

這許多不同看法，在近十年左右，經過了專家學者的討論，得到了一個初步的結論，也引出了幾個權宜之計，其內容包括：1. 把存放用過的核燃料之場地規劃成「暫時」性的處置地以維持處理策略的彈性，方便他日仍然可以再取出提煉，「暫時」的定位可達百年之久。2. 國內各核電廠產生的使用過之核燃料，送到指定場地集中管理，有利於面對核武擴散的疑慮。3. 研究運輸方案：針對這些燃料在運輸至集中管理廠地之時，所面臨的安全、核武擴散、社會反應、經濟上各種議題，擬出可以實行之方案。4. 成立專門機構：針對境內各核能電廠之使用過的核燃料，制定這個機構的行政權限並賦予代理權力，可與地方政府或場地所有人，行使公權力或核燃料之處置權。

6.7.2 政治考量

上面所談的權宜之計，共有四項，後面幾項已經涉及政治性的考量，但這些考量仍屬美國國內議題，在國際上也有相似的政治考量，這些考量也是針對核武擴散的防範而發展出來，考量的本質嚴格來說是軍事性的特質，但是一些專家學者提出的方案卻屬於國際政治、經濟與商務方面的運作，其目的就是冀望對一些有核能電廠的國家，針對處理核廢料的壓力能有紓緩的效果，同時也能消除核武擴散的機會，免於國際政治方面的壓力或甚至軍事方面的危機。

用一個例子來說明所涉及的考量。有些專家學者提出了一個方案，讓

核能發電使用的核燃料，不再被電力公司用購買的方式做發電之用，而是向核燃料供應公司租賃所需用的核燃料，電力公司不再持有核燃料的所有權，核燃料被使用一次後，由原供應公司收回，做回收之再處理，電力公司與該公司之所在地國家也不會面臨處理核廢料的難題，同時用過的核燃料所引發的核武擴散擔憂，也會被這樣的安排化解。

當然，租賃核燃料的做法，目前只是被提出來的一個概念，距離實質上的實現尚有一段距離。但是這個概念的基礎是，核燃料公司仍然視用過的核燃料是有價的產品，所以願意回收做提煉之用，但是如果它們採取了完全不提煉的政策，而視用過的核燃料為棄物，準備送入地下掩埋場做永久性的處置，這也是一個能夠解決問題的方法，其原因有二：1. 核燃料公司之所在地，往往是一個核能大國，自己已經有了多量的核廢料或用過的核燃料，此時再增添所回收的廢料，並不會在總體的數量增加太多，而不會視為過多的負擔。2. 用過的核燃料被回收以後，就減少核武擴散的可能性，也因為核燃料公司的所在地，往往是在全世界的一個核電大國，主導著減低核武擴散危機的方案，在核武擴散的防範上有主導性的理念、成形的策略、優越的設備與充沛的資源。

這個例子印證幾個概念：1. 用過的核燃料已經產生了數量不少的鈽，可以做成再生核燃料也可用來當核武原料；2. 用過的核燃料已成為世界各地防範核武擴散的一個對象。

下一章專門討論核武擴散這個話題，會談論到國際原子能總署的一項任務，他們在世界各地的核能電廠、核廢料處理工廠與核燃料提煉廠，其內部各處裝置有即時同步的監視設備，投入大批經費與人力蒐集資料，努力佐證從事分析，主要目的就是積極地從事核武擴散的防範。

前言

　　核武擴散、核廢料處理，與從用過的核燃料再提煉出再生燃料，這三者互相有極密切的關係。前面的章節談論核廢處理的複雜性與提煉的技術層面，也開始涉及核武擴散的介紹，但是對核武擴散的話題並未談到重點，而核武擴散這個議題是美國數十年來決定不提煉的兩大原因之一，可見核武擴散是個很重要的議題，而且也是個很嚴肅又嚴重的問題。美國在這個議題上，四十多年以來不遺餘力，做了各種措施防範核武擴散，而這些防範的措施與理念仍然在持續中，由於這個議題涉獵範圍非常廣泛，而且近幾十年來各地發生了不少與核武擴散有關的事件，它能繼續產生全球政治或軍事衝突的可能性仍然存在，所以對這個與核能有密切關係的話題，就安排這個章節專門討論。

7.1 國際原子能總署

　　全面執行核武擴散防範工作的是國際原子能總署，在這個章節裡用「總署」兩字做為它的簡稱，國際原子能總署的英文全名是 International Atomic Energy Agency，簡寫成 IAEA。它的總部在聯合國隔壁，位於維也納的國際中心，但它並不是聯合國的附屬組織，而是一個獨立的機構，它的成立基礎是由世界許多國家成為它的會員而成立，它的會員國幾乎與聯合國的會員國相同，但它有獨立的章程，只是它的章程有明文規定不會與聯合國的章程有任何抵觸。所以國際原子能總署的任務是積極支持聯合國在世界上確保和平安全的政策，不只如此，國際原子能總署執行每項任務，都在聯合國註冊或報備。

　　當美國與聯合國共同提出有關防範核武擴散的議案或類似議案時，大會通過的議案之執行也會交付國際原子能總署來付諸行動。

7.1.1 法定機制

　　國際原子能總署成立已六十多年，世界上有一百七十多個國家是它的會員國，在幾十年裡，陸續與它的會員國簽署了盟約，或再加簽有增訂條款的公約，使得該署有法源依據可以執行防範核武擴散的任務。

　　冷戰期間，擁有核武的大國都用核武為恫嚇手段以達到軍事對峙上的平衡。冷戰結束後，這個情勢發生了重大改變，而 2001 年的 911 事件，印證了仍然會有另種國際安全危機的型態，同時也說明大家擔心會發生的事件，的確有其真實性，因此，防範核武擴散的觀點也開始漸漸深植人心，而被簽署公約的會員國認同，國際上泛起的安全與危機意識，使得這

許多的會員國,幾乎包括了世界所有的國家都支持所簽的盟約,而防範核武擴散就是盟約的主要宗旨,這宗旨包括了三項要點:

1. 持有核武、儲備了足量核武原料,與擁有核武技術的國家,必須全力防範這三者被竊盜與防止其誤用之可能性。

2. 防止核武在自己國家內部擴散或擴散至他國。

3. 必須建立機制,防範核武被恐怖份子所用。

7.1.2 任務

依據眾國所簽署的盟約,國際原子能總署就明確的任務,那就是防範核武在世界各地或各國擴散,這是個複雜又艱難的任務,它包含有三個高能見度的目標:

1. 對會員國所聲稱的核能和平用途,能夠實施實質的驗證,以確定只有和平用途無誤。

2. 對於心懷不軌之會員國,用即時檢查的方式,可以早期發現任何不良意圖,而能夠有效遏阻其準備從事的行動。

3. 全面審查有必要考核的會員國,並作完整的驗證,以確保沒有遺漏任何形式核武器擴散的途徑。

7.1.3 工作

表 7.1 列出了針對這三個目標所需進行的工作,包括了工作的宗旨、涉及的範圍與執行的內容,例如針對會員國,要偵查它在持有核武原料的數量上有無超標,再根據原料的特質,判斷偵查工作在時間上的緊迫性。

表7.1　防範核武擴散之工作範圍

	任務宗旨	工作範疇	偵測數量指標的角色	偵查期限的角色	主要防衛性措施
驗證	驗證所有聲明的核原料仍在原位照原訂計畫使用	針對已經聲明的核原料	測量出核原料數量與該場地製造數量之目標	無關聯	核原料數量
嚇阻	成功地掌握核武擴散途徑	針對在報備的場地或非報備場地所從事的未報備之行動	並非直接目標	非主旨	不定時現場檢查
確定沒有其他管道	搜尋證據以查證任何核武擴散途徑	針對在報備的場地或非報備場地所從事的未報備之行動	無關聯	無關聯	對當地情況有針對性的資料分析

　　先扼要的描述國際原子能總署所做的工作，那就是：「須即時偵查出有無超量的核原料，從原本宣示要做和平用途的儲量中轉型成製造核武，或轉移做其他名目的用途，並且能夠即時查獲此類意向，有效的對不良企圖達到嚇阻的作用。」

　　表 7.2 闡明了針對各類核燃料或核武原料在數量上超標的定義。在前面有些章節解釋一些核反應器物理方面的現象與「臨界」的意義，也列出一些核原料的「臨界質量」，意味著這些原料一旦聚集了足以達到臨界質量的數量就足以製成核武，而這個表所列出的質量數目是國際原子能總署所規範的標準，作為追查的指標。

　　表 7.2 中所列出的質量數字，與第五章表 5.1 所列出來針對各種核原料的臨界質量，比較後會顯示一些差異，這樣的差異是有原因的。

　　第二章闡述了「臨界」的物理現象，所用的例子與表 5.1 所列出的「臨界質量」是針對 100% 濃度的核原料，而表 7.2 所列出的質量數，用於總署偵查的指標是有根據的。它意味著不純的核原料或濃度不是最高的核燃料仍有機會製造成核武器，對鈾二三五而言，濃縮度高於 90% 就被視為

核武成色之原料，而濃縮度大幅降低時，但如果濃度仍然保持在 20% 以上，只要聚集足量，仍然有機會可以組合成核武材料。對鈽二三九而言，具核武成色的濃度是 93%，而世界上所有核電廠用過的核燃料棒內所滋生出來的鈽二三九都只有 60% 的濃度，所以從國際原子能總署的角度來看，要制訂偵測核武原料之數量指標，所設定的規範就會不同於表 5.1 所列出的質量數。

這裡附帶一提的是，鈾二三三也列在表中，因為鈾二三三也有核分裂的能力，可以當作核燃料，也可以當作核武的原料，而這本書為簡化核能燃料的概念，只用鈾二三五與鈽二三九當成解說所用的主要範本，而沒有常常把鈾二三三併入一起討論。原因是鈾二三三主要的生產來源，需依賴釷二三二元素所滋生而形成，這涉及更進一層的核反應物理，它的細節並非本這本書的主要宗旨，所以在許多解說中只著重鈾二三五與鈽二三九的討論，而不常把鈾二三三加入核燃料一併討論，但用鈾二三三作成核武原料仍然不能忽視，它的偵測與存量評估也屬於總署主要工作之一。

表7.2 國際原子能總署追查核原料超標準則

核原料形態	超標數量
鈽綜合同位素 鈽二三八含量低於80%	鈽8公斤
鈾二三三	鈾二三三8公斤
高濃縮鈾 鈾二三五超過20%	鈾二三五25公斤
低濃縮鈾 鈾二三五低於20% 包括天然鈾與使用過鈾	鈾二三五75公斤 天然鈾10噸 使用過鈾20噸
釷	釷20噸

表 7.3 說明了針對各類核料或核武原料，在其偵查時間緊迫性的依

據。國際原子能總署針對各類核武原料，如果已經製造出足量或存夠足量，而開始行動製造出核武所需要花費的時間做出評估，這些預估出來的時間都列在這個表中，國際原子能總署也依據這些估算的時間擬定出時間上的期限，在期限內總署須採取行動，並冀望能夠偵查出這些核原料的數量、意圖與去向。也是因為時間上的緊迫性，總署在偵查工作的安排上，其次數、頻率都根據著這些核武製造出來所費的時間。

表7.3 核武製造時間與國際原子能總署偵查時間表

核原料	存在形式	製造所需時間	總署在偵查時間上及時的定義
鈈、高濃縮鈾或鈾二三三	金屬態	7至10天	1個月
純鈈同位素	氧化物	1至3週	
純高濃縮度鈾或鈾二三三化合物	氧化物	1至3週	
氧化鈾鈈混合原料	新燃料	1至3週	
鈈或高濃縮度鈾或鈾二三三	報廢物料	1至3週	
鈈或高濃縮度鈾或鈾二三三	已使用過燃料	1至3個月	3個月
低濃縮度鈾或天然鈾或已使用過鈾或釷	新燃料	大約一年	1年

7.1.4 偵查世界各地設施

所有能夠生產出鈈或鈾的核能電廠，包括核燃料或原料提煉廠、核廢料處理廠、鈾濃縮工廠、實驗型與研究型核反應爐，都是國際原子能總署偵查的對象，都有定期檢查的機制與安排。表 7.4 顯示了總署在世界各地所有需做定期檢查的設施。

表7.4　國際原子能總署定期檢查之核能設施

設施種類	世界各地受總署管轄設施數（大約數字）
壓水式與沸水式核子反應爐	180家
同步換料核反應爐	20家
其他種類核反應爐	10家
研究型核反應爐與有臨界能力之核燃料組合	170家
天然鈾或低濃縮度鈾之轉換與原料工廠	50家
氧化鈾鈽混合燃料或高濃縮度鈾之燃料製造工廠	5家
提煉工廠	10家
增加鈾濃縮度之提煉廠	20家
儲存設備	80家
其他設施	60家
設施場外原料存在地點	70家

7.1.5 現場工作

　　這許多要被定期檢查的設施有一共同性：都有核燃料，也就是核武原料的存在，它們存在的特質都有所有不同。在核電廠內，需要有核燃料使用，同時另類核原料也滋生而產出，所以會有核原料存在；在提煉廠內，核燃料被提煉出來而存在；在廢料處理廠，核燃料被過濾出來而存在；在研究型與實驗型核反應爐裡，因為核燃料被使用而存在。由於這些核燃料存在或產出的特質都各有所不同，總署在檢查這許多設施時，所使用的方式與方法都必須有針對性上的不同。

　　總署在設施現場的檢查工作，主要目的是要檢查已有的核燃原料數量加上滋生出的原料，加在一起的總數是否符合所分析出應有的數量，一旦總數被認定符合分析出應該有的數量，也經驗證以後，往後的檢查就只要

偵查出核原料的含量有無減少，或含有核原料的燃料棒或容器有無移位或消失。判斷含量有無減少需依靠豐富的核子物理與核反應器物理的智識與經驗，偵查實體的移位或消失則需依賴視察錄影設備與密實的紀錄，這一切都涉及了大量人力物力的投入，在現場從事實體的偵測，蒐集相關的數據與資訊後，離開現場仍然需要涉及分析工作。

國際原子能總署由於任務上的需求，自己研發出許多設備，可以當場對偵測對象即時測出物質的成分、含量、濃縮度與同位素種類，這些自己發展出的設備也在這許多年的使用中，進一步強化成手攜型，以方便現場使用，為了偵測鈽與鈾的存在與同時存在的同位素，自己研發的設備有中子同步計數器與加馬射線能量頻譜儀。

7.1.6 非現場工作

近年由於網路科技發達，許多現場的監視與審查任務可以藉由遠端監控設備來執行，不必有工作人員現身於現場，既可以節省人力，又可以達到連續監測的效果。為了配合這種安排，總署會增添一些另類設備用來保障遠端設備之電源無中斷之虞，防範數據蒐集之竊換。現場的電腦設備與電子設備都有備用機組，以便在有狀況發生時，能夠即時自動接管任務執行，可以防止篡改電子指令或數據，並可印證禁區現狀之維持。

非現場的工作包括了在現場取得樣本後，送到總署機構本身所屬、位於維也納市郊的實驗室進行化驗，以驗證樣本的成分，或者送到受檢設施所在地，被總署認證的實驗室進行化驗。

表 7.5 呈現從現場取得樣本後，在實驗室進行化驗與分析後可以驗證出來的成分。因為化驗的工作隸屬核燃料提煉方面的專業，涉及複雜的技術，在此不加贅述，表中只列出幾種分析的主要方法，其目的是要傳達兩個重要信息：1. 防止核武擴散的當務之急是找出核武原料鈾與鈽之存在地

與數量；2. 國際原子能總署受眾國之托，孜孜不倦地稽查世界各地可能有核武原料的設施，進行防止核武擴散的工作。

　　下一個章節將闡述總署在各種現場偵測使用的方法與儀器，以便找出並驗證核武原料，討論的深度止於基本的介紹，避開不必要的細節，這個章節的呈現也冀望能表達這同樣的兩個信息。

表7.5　實驗室分析技術與分析出成分

分析技術	分析元素	偵測對象材質
大衛斯格瑞法	鈾	鈾或氧化鈾鈽混合體
麥當勞撒維基法	鈽	含鈽材料
電位控管電離法	鈽	純鈽體
點燃重力法	鈾與鈽	氧化物
X光螢光法	鈽	含鈽材料
同位素稀釋質譜分析法	鈾與鈽	鈽、氧化鈾鈽混合體、使用過核燃料
高化學鍵鈽元素光譜分析法	鈽	鈽、氧化鈾鈽混合體
阿伐質譜分析法	鐒、錇、鎘	使用過核燃料之各式形體
熱離子質譜分析法	鈾與鈽	純鈾、鈽

7.1.7 偵測核武原料之技術

　　對偵測鈾或鈽所使用的技術與儀器，在這裡作一個簡單的描述。在四種基本的放射線之中，阿伐射線、貝他射線、加馬射線與中子，前面兩種沒有足夠的穿透力，無法進入樣本或偵查對象來偵查是否有鈾或鈽存在其內部，所以一切使用的儀器都是根據加馬射線與中子的特色，加上這兩者與核武原料交互作用之特質，來探測鈾或鈽的存在，甚至測出存在的數量。

7.1.7.1 加馬射線能譜

每一個放射性元素都有它自己與眾不同的量子能階，於是所釋出的放射性有其獨特的能量值與強度，能量的值可以被輻射測量器直接測出，藉此辨識出該元素，而確定其存在，強度測量出來以後，也可以與事前校準的數據作對比，而得知其存在的數量。這樣的方式是依賴鈾或鈽本身具備的特質作為測量的原理，是視為一種「被動」方式。

7.1.7.1.1 一般材質

另外一種測量方式是屬於「主動」性的，就是利用一個外在的輻射源，如硒 75，發出其獨特的加馬射線，401KeV，這加馬射線穿透樣品，被設置在樣品另一端的輻射偵測器接收，接受的訊息與原來已知的加馬射線作對比，可以蒐集到樣品內物質特性的資訊，若再進行下一步操作，讓樣品在原地轉動，也讓輻射源作上下移動，同時輻射偵測器也在樣品另一端作同樣的移動，這樣的操作可以蒐集到範圍更廣、資訊更密集、內容更豐盛的數據，以便執行更精準的分析，用來研判出鈾或鈽的位置與數量的分布，這個原理與醫學用的 X 光計算機斷層影像，CT Scan 電腦斷層的原理是一樣的。

7.1.7.1.2 液態溶液

如果面對的材質是液態溶液，所採用的偵測方法就有所不同，在前面一個章節裡敘述過提煉的方法，說明如何從使用過的核燃料裡，提煉出鈾與鈽，做成再生燃料，或者由核廢料中把高階純核廢料分離出去。它們所要做的第一步，是用硝酸來溶解核燃料，於是溶液中就會有鈾與鈽的成分，所以國際原子能總署在提煉工廠或核廢料分離場做檢查的工作時，偵測的主要對象就是液態溶液。

偵測液態材質所用的方法是使用一個外在的加馬射線源，如鈷 57，釋放出能量較高又獨特的輻射線，帶有能量 122.06KeV 與 136.47KeV，引導它們穿過溶液，可以激發溶液中所有物質的電子層之量子能階，鈾的

深層電子激發能階是 115.61KeV，鈽的深層電子激發能階是 121.82KeV，這些穿過溶解的高能加馬射線，與溶液中的鈾或鈽中的深層電子能階產生交互作用，而使得穿過溶液的輻射能量，在激發能階的位置上產生了改變，這些改變可以在輻射探測器上所接受到的能量頻譜中顯示出來，而藉此判斷鈾或鈽的存在。

7.1.7.2 中子同步偵測法

中子比加馬射線容易穿透厚實的材質，而鈾與鈽在許多場合裡，往往被厚實的材質包住，所以用中子當做一種偵測的手段會比用加馬射線有效，所以使用中子偵測法就有其必要，而且，如果鈾或鈽存在的數量很大時，用中子做偵測手段也會得到比較準確的測量值。

這個方法是利用一外在的中子源，能夠自己產生出中子，讓這些中子對準偵測的對象，射進要被偵測的材質內，中子會與裡面的鈽或鈾產生核分裂反應，引發出一系列的中子，在布於四周的中子探測器上產生訊號，根據這些被偵測到的訊號，就可以判斷出鈾或鈽的存在與數量。

但是外來的中子一旦與內部的鈾或鈽產生核分裂反應以後，會複製出更多的中子，甚至在極短時間內產生第二代與再下一代的中子，而增加了的偵測的複雜性，這些中子也會在材料的元素原子核之間會來回碰撞多次以後，可能與核原料再度產生核子反應，或被吸收，或逸走。測量儀器的原理是把所有偵測到的中子訊號，找出它們的同步性，而歸納出初始的核分裂反應之次數，藉以判定鈾或鈽的所有數量，因為所涉及的理論基礎頗有專業性，所以偵測儀器的理論就不在這本書內贅述。

簡單的說，就是用先設計好的裝置，包括數個中子探測器，大家以並聯方式串在一起，再使用電路上的設計，對各個探測器所測到的中子訊號，設定適當的延遲時間，然後再對所有偵測的訊號一起整合，最後所得的中子合成訊息，再與事先校準過的數據對比，就可得出材料內所含的鈾或鈽之數量。

企圖製造核武的國家

在此陳述了幾個國家想製造核武的故事,有幾個目的:

1. 世界上的確有不少國家有製造核武的計畫或行動,防範核武擴散的工作不只是紙上談兵而已,也不是只有假想敵人。

2. 從核廢料或用過的核燃料做提煉的工作,的確與核武擴散有密切的關係。

3. 國際原子能總署的任務有其必要性。

4. 在前面的章節裡所敘述的技術性偵測方法,可以由這些國家的實例中,直接或間接的得到印證。

陳述這些故事並無意支持或反對任何政治立場或宗教理念,也不推薦任何特定的論點,一切的陳述是要提供資料,讓讀者有機會得到各方面有關核能的訊息。

7.2.1 利比亞

利比亞在 1970 年代就被懷疑有企圖要製造核武,雖然這個國家也在 1975 年簽署了世界防止核武擴張盟約(Nuclear Nonproliferation Treaty),但是在往後的三十年內卻不斷的引進各式製造核武的設備與原料,直到 2003 年尾,利比亞才宣布停止核武製造,也讓國際原子能總署來到境內做嚴密的驗證,以確定所有相關設備都被拆除、原料被運走,利比亞的製造核武的歷程也正式宣告結束。

在這三十年發生的過程,涉及利比亞與許多國家的接觸,希望能夠引進生產核武原料的技術與製造武器本身的機密,撇開不談這一切所發生的

政治因素與動力，利比亞在想要達到技術方面的突破，所花費的努力是一個冗長又複雜的過程。

開始時，利比亞希望能向法國、印度與前蘇聯購買全套技術，但未成功，於是向前蘇聯購買了一個小型研究型的核子反應爐，準備自己發展技術訓練人員，又希望能夠自己生產濃縮鈾，於是就自己建廠，向一些國家購買設備，打算自己組裝所需要的氣體分離機。這個機器的原理，在前面的 5.2.1 章節裡有簡單的敘述。但是建立核武的機制與能力，免不了會費時費錢又費力，曾被利比亞請求幫助或購買設備的對象有許多國家，如阿根廷、比利時、巴西、埃及、法國、印度與巴基斯坦等，而初期並無預期的結果，只有在後期 1990 年代才從巴基斯坦手中購得了一些有關氣體分離機的設備。

利比亞自己建造氣體分離機想要生產濃縮鈾並未成功，而生產第二類核武原料的鈽，依靠的是用過核燃料的提煉技術，冀望向阿根廷購得此項技術，但也未成交，所以冗長三十年的努力並未成功的製造出核子武器。

利比亞製造核武沒有成功的原因有四項：1. 沒有建立起一個協調一致的機制，各類技術性分工與目標往往失去焦點；2. 其他國家基於核武擴散的擔憂，無人願意幫忙；3. 缺乏專業能力，這是個很重要的因素；4. 最後所冀望的一個巴基斯坦的核武走私集團也並未如期交貨，未運給利比亞承諾的鈾原料與氣體分離機所需要的設備。

在 1980 年代利比亞的恐怖份子在歐洲攻擊了美國公民，促使美國對利比亞實施了石油禁運。利比亞恐怖分子在 1988 年 12 月 21 日引爆泛美 P103 航機，在蘇格蘭的拉克比（Lockerbie）墜機，造成 270 人死亡，引發了聯合國的國際制裁行動，這一切事情的發生，都對國際的進出口商務造成阻礙，經歷許多年，使利比亞經濟大幅下滑，加上境內年輕族群有了新的思維，開始反抗，國內也開始出現有力的反對團體，領導人格達費面對內外壓力，於是在 2003 年底正式宣布放棄製造核子武器。

近年利比亞又因為其他政治因素與軍事衝突，引發聯合國制裁，由於

並不涉及核能議題範圍，就省略敘述。

7.2.2 南非

南非在 1979 年製造了第一顆原子彈，又在後面十年裡，陸續製出其他五顆，而在 1993 年宣布完全放棄核武，拆除了所需設備，填埋原來要準備做地下試爆的坑洞，也讓國際原子能總署派員來現場驗證，確認一切放棄核武的行動都屬實無誤，也讓總署專家蒐集設計資料，追溯一切有關文件與查勘工廠設備與原料存量。

南非耗時二十多年建立核武能力，也成功的製出核武成品，卻完全放棄一切的努力而改變政策，轉型致力經濟發展，在國際上贏得不少讚賞，也導致在他地產生深度迴響，根據一些專家分析，南非的這個行動，也有助於平息了一些國家準備發展核武的打算。

發展核武的政治背景並未納入這個議題的討論，但有些核武原料的技術背景與提煉技術的建立都與地區性的人文條件有密切關聯，在此針對一點有關事情發生的來龍去脈，做一個簡單扼要的陳述。

在 1950 與 1960 年代，南非實施的是黑白種族隔離政策，在 1961 年三月發生了一件重要事件，警察對正在抗爭的黑人群眾開槍，這個事件引發國際的撻伐，迫使南非從大英國協（Commonwealth of Nations）脫離，也演變成聯合國的制裁，與美國、法國等發起的禁運與制裁。

在那段時期裡，南非的附近幾個鄰國發生不少內戰，帶來了許多安全上的憂慮。西北方的安哥拉（Angola）在 1975 年發生內戰，南非支持的部隊對抗著前蘇聯所支持的陣營，另一個西北的地區，納米比亞（Namibia），在 1977 年原本是南非掌控的地方，但依據聯合國的決議與來自美英法加德諸國的壓力，使得納米比亞從南非的手中宣部獨立。在同一時期，東北方的一個國家莫三比克（Mozambique），開始由傾蘇的馬

克斯列寧團體執政,而東北的另一近鄰國辛巴威(Zimbabwe)也由開始黑人掌權,這一切發生在邊界的各國情況引起南非政府的不安。

南非盛產鈾礦,德國原來與南非有提煉技術上的合作,此時也斷絕了合作關係,南非有一個高運轉能量的研究型核子反應爐需用高縮鈾爲其燃料,此時美國停止供應其所需原料,1979年的國際原子能總署年會也不准南非參加。

這一切事情的發生使南非決定發展核武。南非自身產鈾,也具有所需的智識與能力,使之在短時間內發展成功,但是由於一連串的國際制裁,持續多年的負面影響使國內經濟大幅下滑,又逢前蘇聯解體,外界政治與軍事壓力消失,促原來發展核武的動機不再存在,原來所預期的效果也呈不符實際的回報,於是南非決定完全放棄核武的發展與製造。

南非核武的原料出自自產的鈾,是以鈾二三五爲主,鈾濃縮的過程也是出自濃縮工廠,這些工廠目前已經完全拆除,所製造出來的高濃縮度鈾存於在陪靈達巴(Pelindaba)之儲存窖中,也受國際原子能總署一天24小時的監控。

7.2.3 巴西、阿根廷

巴西與阿根廷各自建立了製造核武的能力與設備,但是在製出原子彈之前就宣布放棄製造核武。這兩國也互相簽下盟約不從事核武之製造,在南美洲規劃出一個非核武家園,也與國際原子能總署簽下協定,願意受其檢查與監督,以符合防止核武擴張規範,巴西之鈾濃縮工廠也只從事商業用途之運行。

這兩個國家早在六十年前開始了解到核能科技的應用可以有助於科學方面的應用與經濟發展,就已經開始了核能方面的研究。阿根廷首先由美國引進重水,開始著手自製一個研究型核反應爐,掌握了核燃料製造之過

程，也由德國與加拿大購入重水式核反應爐，從早期就開始了核能技術經驗。由於本地自產鈾礦，於是著手建設生產濃縮鈾的工廠，在 1983 年總統阿逢新登基典禮時宣布了有濃縮鈾的技術，而阿根廷自己的科學家也宣稱他們發展出的技術只可以把鈾濃縮成 20%，尚未達到核武原料的規格，一直到 1990 年代初期，才有了製造出核武原料規格的工廠的條件，但是因為遇到技術與經濟上的困難，工廠作業沒有全部完成，阿根廷也沒有完整製成核武規範的原料。

除了建立了製造濃縮鈾的工廠之外，阿根廷也建設了提煉鈽的工廠，也是因為財務瓶頸與技術問題而並未完成建設。

巴西在 1960 年代與法國與德國建立了合作協議，開始初步的核能技術發展。1971 年向美國西屋購買了核能電廠，在 1975 年與德國簽署了合約購買全套核能技術，包括了鈾礦之探採、核燃料製造、兩座核能電廠、具有生產規模的鈾濃縮工廠、提煉鈽示範工廠與核廢料儲存地之建置。巴西引進外來技術也自己訓練人員，加上自己的研發，於 1988 年完成了一個實驗型的鈾濃縮工廠，宣稱可以製造出核武原料，也在那個時期建設了一個實驗型的提煉鈽之工廠，以配合他們準備建設來生產鈽的一個石墨緩衝劑機型的核反應爐。

巴西與阿根廷在 1993 正式宣布了放棄核武的企圖與運作，也願意在國際原子能總署的監督下防範核武擴散。這兩個國家做了這樣決定，有幾個原因：1. 減少國際上的壓力：在那時，如果他們沒有簽署同意防範核武擴散合約，將遭到國際上的孤立。2. 美國實施對巴西與阿根廷禁運的出口管制，阻礙了他們的核能的物資所需。3. 區域性的戰事影響了兩國經濟，兩國的核武發展也多方面牽制了經濟發展。4. 兩個國家正值新選總統，面臨了相似的政治壓力，都希望擺脫前幾十年受制於軍方的勢力，由於核武之設施都一直在軍方控制之中，放棄核武有助重建民選政治力量。5. 兩國多年建立了良好的核能合作關係，但為了避免兩國核武會形成任何競賽之可能性，放棄核武是一良策。

巴西主動公開放棄核武之製造，簽署了防止核武擴散的盟約，不再從事核武發展，也願意受國際原子能總署之檢查與監督其核能設施，但仍然積極從事於核能之研究發展，與法國開始了合作關係，近年開始了自製核子潛艇的能力，在濃縮鈾的氣體旋轉分離機也自已也有創新技術。

阿根廷也與巴西一樣的放棄了核武，但仍然繼續從事一系列研發的工作，針對核能所需的設備與機制，進行更完善的設計與下一階段的準備，所涉及的項目有探礦採礦、核燃料製造之化學處理、鈾濃縮之精進技術、核燃料之自製、使用過核燃料之儲存、核廢料之管理，與深層地底核廢料之處置。

7.2.4 哈薩克

哈薩克（Kazakhstan）這個國家原來是前蘇聯的一個聯邦國，一直生產著大量核武原料，靠著建立大規模的生產線，在數十年來負責生產了大量核武原料鈽，但 1991 年前蘇聯瓦解以後，哈薩克成為一個獨立的國家，自己在核武上有不同的主張。於是在國家獨立後，短時間內採納了停止核武生產的政策，簽署了國際防止核武擴散盟約，接受了國際原子能總署的監管，進行了一切所需的驗證，把已經生產出來的原料，有的送走，有的做監督管理，有的被減低了濃縮度，不再能夠做核武原料而改成其他用途，只能適用於發電與研究用。

那時，哈薩克的生產線包括了採礦、核反應爐生產鈽、提煉工廠、製造核武設施，與測試核武的所需裝備，在 1991 年哈薩克決定不再繼續從事核武生產之際，現場已存有超過一千個核武彈頭與上百個洲際飛彈發射裝置，數百個空中發射之嚮導飛彈，於是短時間內，很多設備在原地被拆除或被送回原屬的國家，也仍然有部分做繼續生產，支援著世界各地所需用的低濃縮度鈾，一切生產活動也在被國際原子能總署做持續性的監控。

在第六章介紹新款式的快中子滋生反應爐時，介紹了俄羅斯的 BN-600 機型，而哈薩克在這幾十年所用的核反應爐既可以滋生大量鈽原料又可以發電，是這個款式的前身，其機型是 BN-350，用的冷卻劑是液態鈉金屬，核燃料是高濃度鈾，也有高達 350 百萬瓦的發電量，國際原子能總署接管後，也拆除了這個核反應爐。

由於在那時的現場有大量的鈽與鈾存量，雖然有著地主國的合作，但國際原子能總署所面臨的技術層面的工作，仍然涉及了超標超量的驗證與必須做下一步的分析、監管與儲存的處置，爲了能夠有具備所需之能力完成工作與及時達成防止核武擴散的目標，美國的幾個國家實驗室也參與了所需的儀器上之設計與分析方法上的支援。

在國際原子能總署的管理之下，一個向世界供應低濃度鈾庫存銀行的機制在前幾年成立了，地點就在哈薩克原來存放核料的奧斯基門（Oskemen）。

7.2.5 臺灣

臺灣是個地名，它的全稱是中華民國，在近七十年與隔著臺灣海峽的中華人民共和國一直有著政治與軍事上的對峙，所以從早期就有著發展核武的意向。在 1970 年代開始了被稱爲「桃園計畫」的運作，包括了培訓人員、組成機構、建設場地、向國外購買技術與材料，著手於核武原料之生產與核武製造之準備。

一個從加拿大購買的重水式核反應爐，稱爲臺灣研究核反應爐（Taiwan Research Reactor，簡稱 TRR），能夠產生 40 百萬瓦的能量，在 1976 年開始運轉，其主要目的是生產核武所需之原料鈽，但是美國基於防止核武擴散的考量，也擔心引發戰爭的可能性，一直反對臺灣在這方面的建設。終於在 1988 年，明言禁止臺灣研究核反應爐的運作，並拆除

其全部結構與設施，阻止了臺灣在核武的發展，在其後的幾年裡，陸續運走核反應爐使用的核燃料棒送到美國，根據了核反應物理的分析，估算出從這數年的核反應爐之運轉，這些核燃料棒內已經生產出大約 85 公斤的鈽，8 公斤的鈽是國際原子能總署偵查核武原料是否足量所採用的指標，10 公斤是純鈽二三九的臨界質量。

製造核武第一步是生產所需之原料，都產在使用過的核燃料棒內，而第二步是從這些核燃料棒中提煉出鈽，提煉所需之技術在前面的章節有簡單的敘述，實際的行動就是要建設一個提煉的工廠，美國在拆除了臺灣研究核反應爐 TRR 後，也找到了在臺灣的提煉工廠，從現場的勘查與資料之研判後，認為大規模提煉之運作尚未開始。

臺灣也簽署了國際原子能總署的防衛核武擴張之盟約，一切核能設施都被監管，目前在臺灣的大型核能設施是三個核能電廠，共有六個核反應爐機組，由於所用過的核燃料棒已經產生了為數可觀的鈽，這些核反應爐現場與核燃料儲存水池都被總署監管，除了總署會派員實地勘察之外，也採用了新型視訊設備做現場之即時監控與偵測。

7.2.6 北韓

北韓製造核武的故事到現在尚未結束，在近年來媒體一直有其報導，在這裡所描述的重點，並不是他們在政治與軍事上的行動，而是著重於這個章節的主旨：核電原料與核燃料如何影響到核武擴張。

從 2006 到 2017 年，北韓一共實施了 6 次核爆，而且每次威力有逐次增加之勢，表示他們已經生產出足夠的核原料才能從事這許多次的核爆，這些核武都是以鈽為原料，而鈽的產生只能從核子反應爐裡，經過運轉以後，從核燃料中滋生而出，一旦滋生出足夠的鈽，就停止了核反應爐的運轉，把用過的核燃料棒取出，再從核燃料棒裡面提煉出鈽，做為核武的原

料。

北韓生產的核反應爐在寧邊這個地方，在同一地方也有一個提煉的設施，方便於鈽之提煉，這個核反應爐是氣冷式、用石墨當做緩衝劑的一個大小為 5 百萬瓦的核反應爐，爐內有 8,000 隻核燃料棒，這樣的設計如果能夠從事達到目標的運轉，估算出一年可以生產 6 公斤的鈽，前面的章節有提到，國際原子能總署偵測鈽的指標是 8 公斤，也是可以製成一顆原子彈的數量。

提煉鈽的工廠也在同一地區，方便提煉的工作，他們提煉鈽所採用的提煉方法，是在前面一章有介紹過、常用的化學或溼式提煉法。

北韓也準備建設兩個機型相同，但更大的核反應爐，一個是在寧邊的 50 百萬瓦核反應爐，另一個是 200 百萬瓦，在寧邊附近的泰川，前者每年可以生產 60 公斤的鈽，後者每年可以生產 220 公斤的鈽，這兩項設施因為某種原因尚未完工。

北韓自己有鈾礦，而高濃縮度鈾也是核武的材料，於是也引進了生產高濃縮鈾的設備與有關建設氣體分離機的零件，目前為止這個工廠尚未完成。

北韓曾簽署了防止國際核武擴張盟約，為了落實盟約的執行，須有國際原子能總署的實地檢查與偵測的行動，以驗證盟約內防止從事核武製造之條款，但是到目前為止，在二十多年裡，北韓尚未讓總署在核武設施現場成功的完成任何檢查工作。

在這十多年裡，中國、俄羅斯、美國、南韓、日本與北韓從事了多次所謂的六國談判，寄望北韓能夠停止核武行動，但都無進展。

7.2.7 伊朗

鈽二三九與鈾二三五是核燃料也是兩種可以製造原子彈的原料，前面

有兩節敘述它們生產的過程。

鈽二三九的主要來源是從用過的核燃料中提煉出來的，所以要依賴一個核反應爐的運轉，運轉了足夠的時間，核燃料棒內就生產了足量的鈽，提煉出來就可以製造成核武，哈薩克、臺灣與北韓就採用這個方式製造核武原料。

鈾二三五的主要來源是使用氣體旋轉分離機，以天然生產的鈾礦爲原料，利用分離機來增加鈾礦中鈾二三五的濃縮度，一旦分離機運作了足夠的過程，而能夠生產足夠的鈾二三五就可以製成核武。國際原子能總署偵測鈾二三五的指標是 25 公斤，如果有足量 25 公斤的鈾二三五則具有一顆原子彈的條件，若建造了足夠的分離機數量，有效的使鈾二三五的濃縮度，在每一分離階層使濃度循序增加，經過許多階層後達到 20%，則具備了有生產核武原料的能力。南非就是採用這個方式，成功的製造出六顆原子彈的原料。

伊朗在近二、三十年裡，建設了一系列的氣體分離機生產高濃縮度的鈾，也與國際原子能總署簽過同意協定，願意受總署檢查與監控，共同達成防止核武擴散的目的。但是在執行上並非未貫徹這方面的義務，又因爲往往私自秘密進行許多設備的建設與安置，而被衛星偵查出其違反條款的行爲，引發了許多國家多年對伊朗的各種制裁，這就是近二十年伊朗在國際爭端的寫照，爲了提煉濃縮鈾引發了許多爭議。

由於伊朗執意建設這些提煉鈾的氣體分離機，引起了國際上的不安，一個六國組成的同盟，在近年持續不斷的與伊朗談判，期望伊朗能夠放棄建設這些設備，也願意讓國際原子能總署真正在現場執行實行檢查與監督。這六個國家正是聯合國安全理事會的五國成員，法國、英國、美國、中國與俄羅斯，加德國。終於在 2015 年 7 月，大家一起簽署了一項協議，名爲聯合全面行動計畫（Joint Comprehensive Plan of Action, JCPOA），取消了對伊朗的制裁，而伊朗也同意減少分離機的數量，與國際原子能總署簽署了增訂條款（Additional Protocol），更積極支持防

止核武擴張，也讓總署從事澈底的檢查驗證與監督。

　　這個故事尚未結束，美國前總統川普不滿伊朗支持恐怖份子與發展飛彈，在 2018 年 5 月宣布美國退出這個聯合全面行動計畫，也開始了制裁行動，伊朗也對美國的這個決定做了回應，宣布用 5 個步驟退出這個已經簽署的約定，包括：1. 增產鈾；2. 提高鈾濃縮度從 3.67% 增加到 4.4%；3. 增加分離機數量；4. 不再自我限制於科學研發的範圍；5. 不再配合國際原子能總署的檢查。

　　2020 年的情況是，伊朗已經增強了分離機的運作，而增加鈾濃縮度，使之超過了原來同意的上限，目前已知的是濃縮度尚未超過 5%，但是伊朗國會在年底批准了伊朗繼續發展分離機功能，以期達到鈾濃縮度 20% 的目標。

7.3 減低鈾濃縮度RERTR

美國在 1978 年開始推動全世界的研究型與試驗型核反應爐，把所使用的核燃料，減低其鈾的濃縮度，從 90% 濃縮度的核武級燃料減少到 20%，就不再是核武層級的核原料，這個行動的主要目的就是防止核武擴張。

7.3.1 背景

在 1945 年投在廣島的原子彈就是用 60 公斤、濃縮度 80% 的鈾二三五製造的，全世界大約有略超出 400 座發電廠用的核反應爐機組，所用的燃料，其鈾二三五的濃縮度低於 5%，但是全世界有大約 250 座實驗型核反應爐，所用的燃料，其含鈾二三五的濃縮度都超過 90%，屬於核武等級的原料，而且這些核反應爐所需要的新燃料與使用過的燃料都儲存在現場或附近，大部分這類的核反應爐的位置都靠近市區，意味著這些高濃縮度的鈾都是恐怖份子容易攻擊或偷竊的目標，於是針對這類遍及世界各地的核反應爐，開始做防範核武擴散的工作，成了當務之急。

7.3.2 原理

在前面的一個章節裡，闡述核反應器物理時，對「臨界」與「臨界質量」的概念做了簡單的介紹，為了能夠有效率的解說這些概念，曾舉了一個鈾二三五的圓球為例。為方便闡述所涉及的物理現象，例子假設所用

的材質是濃縮度為 100% 的鈾二三五，在核武的設計上涉及了超臨界的要
求與實際上工程的執行，與理想情況下所計算出來的臨界質量數字會有不
同，所以列於表 5.1 內的諸多元素的臨界質量，僅適用於參考或用來做簡
單估算的指標。

　　如果鈾二三五的濃縮度高達 90%，就達到了核武原料的規格，如果
濃縮度降到 20%，原則上仍然可以製造成核子武器，但是所需的總質量
會增加很多，造成原子彈其體積需增加甚多，會形成執行難度過高的超臨
界情況，所以在防範核武擴散的定位上，限制鈾二三五的濃縮度在 20%
以下，已經成為一個規範。

7.3.3 任務

　　美國從 1978 年開始了這個任務，目標是要把全世界的實驗型核反
應爐的核燃料，減少其鈾濃縮度至低於 20% 以下，這個任務的執行是
由美國政府在阿岡國家實驗室成立了一項專案，名為減低實驗型核反應
爐燃料濃縮度（Reduced Enrichment Research and Test Reactors，簡稱
RERTR），推廣到世界各地的實驗型核反應爐。

　　各地的實驗型核反應爐都原有其不同的目的與作用，有的可做教學
用，有的做中子物理之科學研究，或用於材料反應之測試，或用於醫學所
需原位素之生產，這許多實際的目的能反應出這類核反應爐有其存在的必
要，因此執行這項任務之作法，並不著重這些核反應爐的提前除役，而是
採用了更換了核燃料的策略，把濃縮度超過 90% 的鈾原料更換成濃縮度
為 20% 的燃料，以杜絕核燃料的濫用，而做有效防範核武之擴散。

　　世界上有這麼多的實驗型核反應爐，能夠成功的執行減少鈾濃縮度
的工作，需要世界各國的認可與通力合作，這些核反應爐有三分二來自美
國，三分之一來自俄羅斯，還有少數幾個來中國，所幸大家對這項任務有

著共識，加上在許多國家執行這項任務的經費，美國主動承擔爲數可觀的比例。經過四十多年的耕耘已見成效，大多數的核反應爐已經成功的改造，有的仍在進行中，也有少數不從事改造，基於原始設計對原始燃料有技術層面的依賴性，更換下來的高濃縮鈾，經過大家同意，送返原輸出國，美國或俄羅斯。

敘述這些有關核武的各類情況、原理與在各地形成的結果，其主要目的是要闡明用過的核燃料或未用過的核燃料都與核武有密切的關係，核廢料與用過的核燃料，其存在與處理的方式，在世界各地近幾十年裡，一直是核能的一項重大議題，雖然世界各國針對這個議題，採用了不同的政策或採取了不同的措施，但是大家對它都有相當高度的關注與正視，也對有關的技術發展不遺餘力。

8 章

輻射與健康

8.0 輻射的歷史

　　大部分人都懼怕輻射，這是可以理解的，人們開始知道輻射對身體的危害起源於 1945 年在日本廣島與長崎兩顆原子彈爆炸，造成了眾多的死亡，也讓廣大的群眾了解到強烈的輻射對人體生理上會造成可怕的後果，傷害的過程令人觸目驚心，許多人受到超量的輻射以後，如果沒有在近兩個月內死亡，也會事後數年內因為產生癌症而去世。從此人們了解了輻射對健康的負面影響，對輻射的懼怕也深植人心，到今天也有七十多年之久。

　　從那時開始，科學家、醫學界、各政府都做了不少實驗分析資料蒐集，在輻射對人身造成的傷害有了更多的認知，世界上許多國家也都制定了法規，限定許多與輻射有關的工作人員，為了保護他們的健康，必須遵守一些在輻射劑量上的限制，不可超標，一些學術團體與醫學機構也在這方而做了基本研究與整理，公布了一些在法規上可以適用的指標，做為一般百姓與專業人員可以依憑的準則，以保障身體在有輻射的環境裡或面對受到輻射的情況下，所受的輻射劑量不會超標。

8.1　革命性新思維

　　但是這個議題在近十年裡有了顯著的進展,而這個進展仍然在持續中,從純科學的角度來看這一切的進展尚未有明確的定案,但是由於近六、七十年來許多人受到輻射後,對健康的影響有出人意外的結果,而這些結果也累積了足量的數據,使得在核能與醫學這兩個領域的專業人士衍生出新的看法。這些看法有著革命性的新思維與可能造成影響的衝擊性不容忽視,所以把這個議題在這裡提出來討論有其必要性,同時也念及維護這個議題的科學性,所有的討論只限於提供資訊的範疇內,而並不採取任何立場。

8.2 什麼是輻射劑量

　　人體的感官無法感受到輻射的存在或輻射的強度，所以需要儀表來測量，以決定現場輻射的強度。就像電匠需要用儀器如電錶，來測量電壓或電阻一樣。要了解輻射劑量，需要先知道有兩個輻射概念量的存在，一個概念量是累積輻射劑量，它的單位是西弗（Sievert），簡稱 Sv，另一個概念是現場輻射強度，它的單位是每小時的西弗量（Sievert/hour），簡化為 Sv/h。

　　先把科學上的定義敘述清楚，再說明這些單位的意義與民眾如何面對這些強度。

　　輻射的強度可以用侖琴（Roetgen）這個單位表示，一個侖琴的輻射強度的定義是它的能量可以把在攝氏零度的空氣離子化到每立方公分的空氣產生 1.6×10^{12} 對離子，相當於能量的強度可對 1 公斤的乾燥空氣產生 2.58×10^{-4} 庫侖的電荷。

　　輻射強度的表達方式，是用它在空中飛過後，能夠使空氣產生一對對離子所需要的能量來呈現，這是一個代表它輻射本身的一個特質，與人體面對輻射時能吸受多少輻射的概念不同。輻射侵入人體的劑量是另外一個概念，這個概念是反應了輻射侵入人體後，在人體內所留下的能量之多寡，留下的能量愈多對人體的影響就愈大，所以留在體內的能量就用需另一組單位來表達，這個單位是「瑞德」（RAD），是三個英文字的簡寫：Radiation Absorbed Dose，意思就是輻射被人體吸收的劑量，用加馬射線當成基準時，1 侖琴輻射強度的加馬射線侵入人體後，對人體的劑量就是 1 瑞德（RAD）。

　　不同種類的輻射對人體的作用會有所不同，譬如具有同樣輻射能量的中子與加馬射線，各自侵入人體會對人體產生不同的效應，有相同能量的

中子對人體健康的傷害程度比加馬射線大，如果爲了反映出這兩者在人體內造成不同程度的傷害時，「瑞德」（RAD）這個單位就不足以表達不同類的輻射在人體所造成的不同程度之傷害。

　　爲了能夠反映出不同種類的輻射對人體產生出的不同程度的效應，各種類的輻射必須加用一項可以反映出它自己的傷害效應因子，稱之爲傷害指數或 Quality Factor，而能夠眞正反映出實質效應的劑量，這個實質效應劑量稱爲「潤姆」（REM），是三個字的縮寫：Roetgen Equivalent in Man，或者稱爲人體侖琴等值劑量，它們之間的關係可以用下列公式表達：

$$「瑞德」\times「傷害指數」=「潤姆」，或者$$
$$RAD\times「Quality\ Factor」=REM$$

　　表 8.1 呈現出各類輻射的傷害因子，與輻射劑量與實質劑量的關係。

表8.1　各類輻射的傷害指數

輻射種類	瑞德（RAD）	傷害指數	潤姆（REM）
X光（X Ray）	1	1	1
加馬射線（Gamma Ray）	1	1	1
貝他射線（Beta Ray）	1	1	1
慢中子（Thermal Neutron）	1	5	5
快中子（Fast Neutron）	1	10	10
阿伐射線（Alpha Neutron）	1	20	20

　　表 8.2 呈現輻射劑量單位的一些換算，表中所列出的都是常見的輻射單位，也列出了它們之間常常需用的換算。近年在核能界與醫學界有許多論文發表，都是有關輻射劑量與人體健康有關的探討與新認知，媒體也不

乏有新聞報導與法規闡述，而在這些文章中，大家採取的劑量單位並未統一，而且常用的單位也有所改變，譬如四十年前，輻射劑量常用單位是「潤姆」（REM），但近年已經改成「西弗」（Sievert），或千分之一西弗的毫西弗，所以在這個表內所顯示的幾個換算，雖然看似簡單但很實用也常用。西弗這個單位的常用簡寫是 Sv，毫西弗是 mSv，微西弗是 μSv，百萬之一西弗。

表8.2　輻射劑量單位換算

1居里（Curie）	=3.7×10^{10}核分裂/每秒
1貝克（becquerel）	= 1 核分裂 / 每秒
1瑞德（RAD）	= 0.01 格雷 gray（Gy）
1潤姆（REM）	= 0.01 西弗Sievert（Sv）
1侖琴（Roetgen）	= 0.000258 庫倫 / 公斤（Coulomb/Kg）
毫（Milli）	= 10^{-3}
微（Micro）	= 10^{-6}

8.3 輻射劑量的測量與認定

　　測量輻射劑量最直接的方式就是用一個劑量錶（Dosimeter）直接測量。現代的專業人員在輻射環境工作時就常用這樣的儀器來測量當時的輻射強度，儀表上所顯示的單位往往是每小時的微西弗或毫西弗，這樣的讀數反映的是輻射強度，舉個例子用輻射強度的讀數來換算輻射進入體內的劑量，如果在場的輻射強度是是每小時 50 微西弗，停留在該地兩小時，人體所接收所輻射劑量是 100 微西弗。

　　還有一種被動式的輻射劑量測試方法也常常被專業人員使用，有時候為了符合法規上的程序就使用這個方法。所用的測量工具是一個外表看似小名牌的佩件，佩掛於身上，裡面有一個類似照相用的底片，用來對現場的輻射做累積性的感光，工作人員每次進入有輻射的工作環境時就佩掛這個名牌，離開這個工作環境就取下，每隔一段時期，名牌內的底片被相關法規的部門送出沖洗，可以顯示這段時期佩戴人所累積的輻射劑量。這個方法被常用於鑑定佩戴人在工作期間其所接收之輻射劑量有無超標。

　　幾十年前發生了許多輻射超標事件，都因為事發突然，當事人未做準備也不知情，就沒有使用劑量器，但事後對當事人所接收的輻射劑量都做了仔細的估算。估算所用的方法涉及了應用核反應物理的科學分析，依據輻射源的強度，當事人的相對位置、經過的時間、所經歷的過程，就可以算出頗有準確度的近似值。下面敘述了些幾個實例，包括了在二次世界大戰廣島長崎原子彈爆炸受害人所受的劑量，還有二個臨界事故，與前蘇聯車諾比核電廠爆炸的第一線救援人員所遇到的輻射情況，都是用類似的核反應物理的計算方法來推算得到的。

8.4　現代輻射規範的根據

　　世界許多國家對人體接收的輻射劑量採用了一定的規範，制訂了人體接收的劑量不得超過某個上限，一旦超過這個上限則被視為有害健康，政府也規定，任何雇主不得使其員工因為工作關係，導致他們超過所規定的上限，這個上限所依循的科學根據有兩個主要來源：

　　1. 由於在早期輻射被發現後，X 光與鐳元素放射性的應用產生了對健康有負面的影響，在 1930 年代開始了對 X 光與鐳元素的輻射量上限有了規定，限制每天不超過 0.1 到 0.2 倫琴。

　　2. 二次世界大戰後，原子彈造成了人數眾多的輻射傷亡，也是從那時候開始，學術界在輻射生物與放射性物理的兩個領域中做了大幅的研究，而制定了輻射對人體所接收的上限。

　　可是那時所制定的輻射上限，沿用到今天，有幾個基本假設：

　　1. 採用了「線性無底限模式」，它的意義是，所採用的模式是依循線性關係，外推到低輻射劑量時，也假設它沒有底線，意思是說，既使是低劑量輻射，不論多低仍有得到癌症的可能性。

　　2. 輻射病變的嚴重程度與人體接收的輻射劑量無關，只要要求不受到輻射就不會得癌症。

　　下面先描述二次世界大戰原子彈爆炸，與前蘇聯車諾比核災受難人所接收輻射劑量的實際情況，然後再討論「線性無底限模式」被採用後，在低值輻射劑量對健康影響的評估，如何促成不同的結論。

8.4.1 二次世界大戰原子彈受害人

　　1945 年廣島與長崎兩顆原子彈爆炸，瞬間釋出大量輻射造成多人死亡，當然並沒儀器在現場用來測量人體接收的輻射劑量，但是事後的幾十年裡，有大量的學術研究用核反應器物理的計算模式，再依據輻射源的輻射強度，受難人與輻射源的距離、相對位置與進行時間，可以推算出受難人所接收的輻射劑量。

　　在接收了高達 4.5 西弗輻射劑量的受難人有半數死亡，接收了 6 西弗的人全部死亡。

8.4.2 實驗室核武原料臨界事件

　　在 1945 年 8 月 21 日，在美國洛斯阿勒摩斯國家實驗室發生了一起「臨界」事件，一位科學家 Harry Daghlian 在做實驗時，他用的核武原料鈽二三九意外達到臨界狀態，產生超量的輻射，當事人接收了 5.1 西弗的劑量，他在 28 天後死亡。

　　1946 年 5 月另外一位科學家名叫 Louis Slotin 也在同一實驗室，也是用鈽二三九做實驗，也意外的發生了一個臨界狀態，使得當事接收了超量的輻射劑量達 21 西弗，他在 9 天後死亡。

8.4.3 車諾比核電廠救災人員

　　在 1986 年 4 月 26 日當前蘇聯車諾比核電廠爆炸時，有 134 位第一線救災人員奔赴現場，這些人所接收的輻射劑量，在 0.7 西弗至 13 西弗的範圍內，其中 28 人在數週後死亡。

8.4.4 目前採用的規範

現在的法規對專業人員與一般民眾，分別對人體接收輻射劑量的上限，設定了不同的標準。

■ 專業人員：每年累積的輻射劑量不得超過 50 毫西弗。

■ 一般民眾：每年累積的輻射劑量不得超過 1 毫西弗，1 毫西弗是千分之一西弗。

如果專業人員在輻射的場合工作，使得身體所接收的劑量超過了上限，就不准再回到輻射區工作。所以設定了輻射的上限除了是針對保障員工的健康之外，也有經濟上的意義，基於輻射劑量上的法規，也會對雇主在工作上之分配與調度有某種程度的影響。

表 8.3 列舉了幾個數據，具有參考價值，是平常人們在一般生活中，人體在各種情況所會接收的輻射劑量。

表8.3　人體在平常情況所接收的輻射劑量

各種情況	頻率	劑量
照胸腔X光	每次	0.1毫西弗
坐飛機橫越太平洋	每次	0.03毫西弗
從外太空來的宇宙輻射	每年	3毫西弗
住在高原從外太空來的宇宙輻射	每年	5毫西弗
腹部電腦斷層掃瞄（CT Scan）	每次	10毫西弗

質疑現代的規範

　　上面陳述了現在輻射劑量的規範，這個規範的議題在近十年裡，在核能界與醫學界產生了廣泛的討論，討論的焦點是有關：1. 現在輻射劑量的規範是否太苛刻？2. 低劑量的健康效應有多少？3. 規範的科學根據是什麼？

　　這些質疑的出發點是，近年在學術期刊裡有許多研究已經紛紛發表，顯示所發現的低輻射劑量在人體會有免疫功能，而呈現癌症發生率比平均值低落甚多，有的研究著重於低劑量輻射能對人體細胞有「激發」（Homesis）之效應，會增加免疫力，使身體更加健康。這些新的報導對這幾十年來法規所依據的「線性無底限模式」頗為質疑，一致指出這個模式的不適用，換言之，正確的模式應該「有底限」才對。

　　有底限的意思是當輻射劑量低到一個底限的程度，輻射對人體的影響會從負面變成正面，沒有底限的意思是，輻射劑量不論多低都會對人體健康產生不良影響，劑量必須降低到與自然界的輻射量一樣，才可以達到人群全體的病變平均值，所以輻射劑量須要有所限制。但是，要得到科學上完整的證明，找到正確的答案，繼而從事法規上的訂正，甚至改善現有的輻射醫療觀念與治療方式，需要投入大量的人力、資源與時間做全面的研究，才能得到完全又正確的認知與結論，所以有關學界都一致呼籲這個議題需要被積極迅速的探討。

　　2020 年世界發生了新冠肺炎疫情，嚴重的情況舉世皆知，在疫苗問世之前，許多地方已經從事用輻射的方式做試驗性的治療，可見低劑量輻射對免疫功能的考量已經獲得醫學界部分人士的肯定，而且積極的採取行動，雖然業界仍然小心翼翼的進行各種試驗，而且秉持科學精神避免誇大

宣傳療效，也不做尚未成熟的報導，但是一些學術性的探討報告已經顯示這個議題與新的主張已經達到不可忽視的地步。

8.5.1 美國國家環境保護局的動作

美國前總統川普在 2017 年 2 月 24 日簽署了一項命令，編號第 13777 號，用意在整理、加強、增訂、改正美國的一些法令。美國環境保護局依從了指令，在輻射劑量法規方面，開始增訂或改變法規，以準備所需要的法定或科學基礎。啓動這方面的準備工作包括在同年 3 月 24 日局長史卡特普伊特簽署了開始進行作業的相關文件，環保局於是在 4 月 13 日的聯邦政府公告文中，公開廣徵大眾意見，收件截止日期是 5 月 15 日，在截止日期前，共收到 98,543 件對此議題表達意見的各方徵文，經過有程序的篩檢，合格的有 31,378 件。這些意見都會納入如何規範輻射劑量這個議題，並進行下階段的考量。這是一個爲針對更改法規，執行符合現代法律精神的程序。

很多學者與醫生藉由這個機會在這個議題上表達了不少意見，所表達的意見都集中在兩項共識上：1. 在表達輻射劑量與人體健康的關係時，已經有幾十年的數據顯示不符合歷年來所依循的「線性無底線模式」；2. 現在的規範要如何改善才適當。這兩個題目在下面的章節裡會做進一步的解說。

8.5.2 線性無底限模式（Linear Non Threshold Model）

圖 8.1 描述了線性無底限模式，它呈現人體接收的輻射劑量與血癌發生率的關係。圖中標明三條曲線，最上面的曲線就是線性無底限模式，它

是一個假設的模式，並沒有可以依據的測量數據為基礎，中間與最下面的兩條曲線是根據兩個不同的數據庫，針對在日本廣島原子彈爆炸時，現場生還者事後發生血癌的人數，與這些生還者身體所接收的輻射劑量，表達兩者的關係。

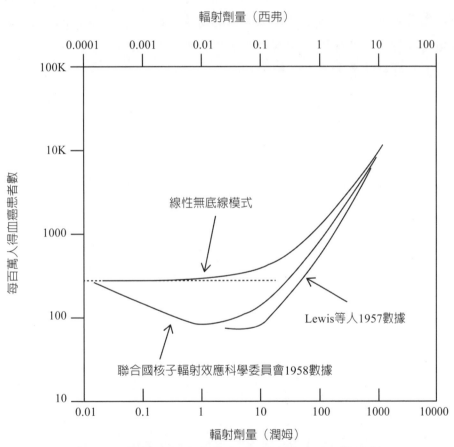

圖8.1　廣島原子彈生存者在1950至1957年患血癌人數

　　圖中也呈現一條與橫座標軸平行的虛線，它與線性無底限模式曲線，交會於縱座標上，這條虛線指出了沒有接收輻射劑量的一般民眾中，所患有血癌的人數，這條線性無底限曲線在圖中的意義是，人體必須要在

完全沒有接收到任輻射劑量的情況下，得到癌症的機率才能與一般大眾得到癌症的機率相同。

但是另外兩條曲線卻表達了不同的意義，這兩條曲線是根據實況的測量數據所標示出來的，它們的意義是，若人體所承受的輻射劑量達到某一數值時，得到癌症的機率會低於大眾平均得癌症的機率，意味著，這會成為增進健康的情況或有某種醫療效果的跡象，而且這樣的現象出現在輻射劑量值高於目前法規所設定的上限，所以現在的法規的上限不但不必要，而且還有抹殺醫療效果的可能。

低劑量輻射的健康效應

近年來許多發表的研究，反應出低劑量的輻射可以降低得癌症的機率，很多實例證據與實驗的數據都支持了這個論述，而且許多的研究也從不同角度報導了低輻射劑量對人體的益處，這樣的益處，除了可以用罹癌機率的降低來表達，也可以用壽命的延長率來呈現。圖 8.2 是一個示意圖，呈現人體接收的輻射劑量，在某個範圍內會對健康有明顯的正面影響。這圖中的縱座標軸反應出正面的影響，在許多發表的論文裡發現一些適當的輻射劑量會使壽命延長多達 20%。

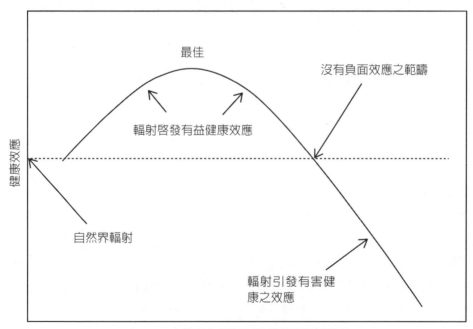

圖8.2　低劑量輻射的健康效應

在這許多發表的研究報告中，也提供了一些理論上的線索，稱之爲「輻射激發」論，英文是 Radiation Hormesis，其主要論述是基於低值適量的輻射可以激發人體細胞的免疫力，而使人體更有抗癌能力，這些探討除了發表於許多學術論文中，也在一些專題書籍裡有更多的討論。

有史以來，人類人體每天要承擔許多自然界帶來的輻射，有從空中來，或從地面自然界傳來，有的從外太空傳來，加上食物中的微小輻射劑量，平均每人每天要接收能量傳遞入身體的點擊次數都在數百萬次左右，所以人體本身已經對這些能量的入侵建立了有力的處理機制，可以防範這些入侵造成損傷，或修補受損壞的細胞，或更換、移走損壞的細胞。這樣的機制也對毒素與細菌的侵入有同樣的防衛。

「輻射激發」的理論基礎來自於下列幾點論述：

1. 人體的防衛機制，可藉由防範輻射的侵入人體而逐漸建立起來。

2. 自然界的輻射所造成的細胞損傷而形成變異的數量，是平均每天每個細胞產生大約 0.01 個變異。

3. 人體吸入氧氣形成自由基，會造成每天每個細胞約有 1 百萬次變異。這是病變的主因，也是主要防範對象。

4. 受損壞的細胞也會產生召喚免疫功能的訊號，此時若接收了低值適量的輻射劑量，可增加細胞的損壞數量，但是這個數字遠遠低於自由基所造成的細胞變異數量，而另一方面，會使損傷細胞會產生更多的召喚訊號激發免疫功能，增加處理細胞變異的效率，防止癌症的發生。

理論性的探討加上觀察所得的數據都形成了對這個議題的驗證，兩個相關的話題就是：低值輻射劑量的健康效益，與線性無底限模式的質疑，開始核能與醫學業界對它們的探討。2017 年美國環保署修訂有關法規，也開始了初步的行動。下面是一個實例，代表著一個有相當規模的事件，整個事件被追蹤了二十多年，蒐集了可觀的數據，完成了精密的分析，在學術期刊上也發表了多篇論文，整個事件對這兩個有關的話題是個強有力的驗證。

8.6.1 臺灣輻射鋼筋事件

　　1983 年開始，臺灣發生了一個稱為輻射鋼筋的事件，很多公寓的材質發現含有輻射鋼筋，公寓的居民並不知道有住在輻射的環境中這種情形，受到影響的居民大約有一萬人，涉及的公寓有 1,700 戶，分散在各城市的大樓裡，共 180 幢，因為這些居民當時並不知情，而是經過許多年才陸續發現，所以這個輻射鋼筋的事件持續了二十年。

　　鈷六十這個放射性元素除了可以用在醫療上使用之外，在工業上也有用途，在鍊鋼時可以被用來測量鋼材鎔液的溫度。輻射鋼筋發生的原因並不完全了解，一個很有可能的猜測是可能在某次鍊鋼過程中，鈷六十落入鋼材中而未察覺，造成了有輻射的鋼材用於這 180 幢公寓大樓上。雖然輻射鋼筋真正形成的來源並不明確，但是可以測出輻射源是鈷六十，它的半衰期是 5.3 年，也就是說，每過 5.3 年，它的輻射強度就會減半，這是個重要資訊，它會被用來推算這些居民所接收到的輻射劑量，因為在二十年內輻射強度會持續下降，再加上居民作息習慣的模式也須掌握，才能成功的完成計算程序，而正確的推算出居民實際接收到的輻射劑量。

　　事件的開始，是一個公寓在偶然的情況下被測量到輻射，從而知道輻射鋼筋的存在，行政院原子能委員會與核能研究所都參與了調查，用科學方法來估算受影響的居民所接收的輻射劑量。由於這 180 幢公寓大樓的輻射狀況是在二十年內陸續被發現，所以受影響的居民所經歷的時間各有不同，從 9 年至 22 年不等，直到最後一幢大廈在 2003 年拆除後，整個事件才告落幕。

　　原能會對這些大廈都做了測量，估算了輻射的強度，也針對受到輻射的居民都做了詳細的紀錄，並估算出這一萬人所接收到的輻射劑量，也開始進行他們在醫學上必要的檢查。從一個當事人的角度來看，可以想像到當時受到輻射的居民，在心理上所承受的壓力與產業上會發生的紛爭，都是負面的，但事後發現輻射對健康產生的影響，卻是正面的，這樣的結果

是始料未及的。

在 2007 年有十四位臺灣與美國的專家學者聯手做了一完整的報導，發表了一篇學術論文，刊登在國際激發學會（International Hormesis Society）的一個名稱為 Dose Response 的學術期刊上（2007 年出版的第 5 卷，63 頁 -75 頁）。這十四位作者來自醫學與核能兩項專業，這篇報導是根據他們所進行的一項頗有規模的研究，研究有確實的數據、深入的剖析與紮實的理論基礎，這篇論文也做了醒目的呼籲，重申現在輻射劑量的法規基礎有再議的必要，線性無底限模式不能反映出醫學上的實際情況。這一節所做的闡述也是根據這篇報導，說明為什麼核能與醫學業界開始質現在輻射劑量法規的基礎，因為這篇報導很清楚地呈現了一項重要的科學證據，能夠支持低輻射劑量有免疫功效的論述。

這一萬人居民可以分成三組，依照他們所接收的輻射劑量來分組，用以辨別他們健康受到影響的程度，決定所需要的醫療需求，同時也用來與法規上的劑量做直接的比較，檢查輻射對人體的實際影響。現在的法規所制定的上限是專業人員每人每年不得超過 50 毫西弗，即 50mSv，一般民眾每人每年不得超過 1 毫西弗，即 1mSv。

這三組分類的方式是比照所接收的輻射劑量來分類，都列在表 8.4 內。表 8.4 也顯示了各組的人數，總共是一萬人，在「高劑量」組的 1,100 人中，這些居民所接收的劑量也標示於表內，顯示出他們所接收的劑量都超過了每年 15 毫西弗，但是超出多少又高達到什麼程度，這要看測量的時間在那一年，因為鈷六十強度會在每 5.3 年減半一次，在 1983 年測出的輻射強度一定會比 1996 年的測量值高出許多。

表8.4　居民以輻射劑量分組

組別	人數	每年劑量
高劑量	1,100	超過15毫西弗
中等劑量	900	在5與15毫西弗之間
低劑量	8,000	在1與5毫西弗之間

表 8.5 呈現這個研究方案的結果，顯示在 1996 年所測量的輻射強度，用以估算出各組居民所接收的輻射劑量平均值。表 8.6 呈現在 1983 年測量的各組平均值，同時也提出這三組居民在 1983 年至 2003 年個人的累積總量的平均值。

表8.5 三組的平均值（1996年）

組別	人數	這一年大家的平均劑量
高劑量	1,100	87.5毫西毫
中等劑量	900	10毫西弗
低劑量	8,000	3毫西弗

表8.6 三組人的總劑量

組別	人數	1983年的每年平均劑量	1983年至2003年個人平均累積總劑量
高劑量	1,100	525毫西毫	4,000毫西毫
中等劑量	900	60毫西弗	420毫西弗
低劑量	8,000	18毫西弗	120毫西毫

有一個很關鍵的觀念必須要提出來說明。表 8.6 的最後一個縱格，顯示了高劑量的群組，他們接收的累積劑量平均達 4,000 毫西弗，即 4 西弗，這是一個很高的數值，這個劑量與前面的章節所陳述的死亡劑量都屬於同一層級，這包括了原子彈爆炸受害人、實驗室臨界事故當事人與前蘇聯車諾比核電廠爆炸的救火人員，這些受害人都因為接收到高劑量輻射而在短期內死亡，表 8.7 把這些事故的死亡劑量列在一起，與臺灣輻射鋼筋的居民做比較。

表 8.7 顯示出臺灣輻射鋼筋居民接收的總劑量高達 4 西弗，與其他核災或核爆受害人接收的劑量非常接近，但是臺灣的居民不但沒有死亡，反而他們的罹癌率比一般人還低許多，意味著這是一種增加抵抗力或免疫力的產生，來自輻射劑量的效應，臺灣居民與另外三類事故不同的地方，是

臺灣居民累積輻射的時間，長達 20 年，這是一個研究輻射對健康效應的重要參數，它表示只要輻射強度保持低值，既使總累積輻射劑量呈現很高的數值，仍然不會造成對健康的威脅，反而產生了「激發」效應，增強了免疫力。

表8.7　各事故的高劑量與效應

事故	劑量	輻射接收時間	效應
二次大戰原子彈受害人	4-6西弗	瞬間	數週內死亡
實驗室原子彈材料實驗當事人	6-13西弗	瞬間	數週內死亡
前蘇聯車諾比核電廠爆炸救火人員	13西弗	數小時	數週內死亡
臺灣輻射鋼筋居民高劑量群組	4西弗	20年	健康又呈低罹癌率

　　真正的證據能夠支持低強度或低劑量輻射有益健康的論述呈現在圖 8.3 與表 8.8 裡。圖 8.3 顯示一萬輻射鋼筋居民的癌症死亡率與一般民眾的癌症死亡率，兩條曲線展示了他們在二十年內的變化，在圖中上面的曲線是代表一般民眾，下面的曲線是輻射鋼筋的居民，兩條曲線顯示了非常明顯又相距頗大的差異。若要做一個直接又簡單的比較，可以取兩條曲線代表的平均值做直接比較，從一般民眾的曲線所摘取出之數值是，平均每年每 100,000 人口中，有 116 人因癌症死亡，而輻射鋼筋的居民，是平均每年每 100,000 人口中，有 3.5 人因癌症死亡。

　　表 8.8 從另外一個角度說明輻射劑量在不同的群組裡，與使用線性無底限模式估算出的結果。比較這幾種不同的群組，可以很容易看出低劑量輻射對人體的健康效益。表中展示出三類數據，第一類是一般民眾的癌症死亡率，在 20 年裡，醫院的資料顯示在 1 萬人中，平均罹癌死亡的實際案例是 232 人，如果用 1 萬人在這段時間內，根據大家所接收的輻射劑量，套上現有法規的線性無底線模式，推算出來的癌症死亡人數，則預測會有 302 人死亡，但實際上，這些輻射鋼筋的居民在 20 年內，只有 7 人

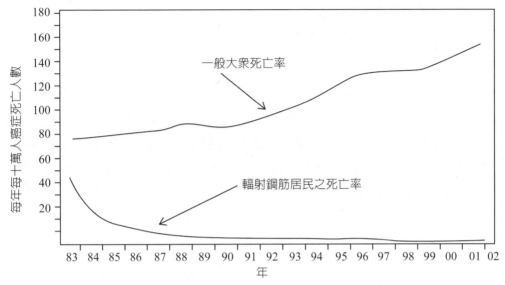

圖8.3　輻射鋼筋居民與一般民眾癌症死亡率之比較

因為癌症死亡。這樣的對照是一項科學上無法不正視的證據，支持低劑量劑輻射可以增進人體健康。

表8.8　輻射居民致癌死亡率與一般民眾癌症死亡率之比較

臺灣居民	每一萬人中
一般民眾癌症實際死亡人數	232
一般民眾天生病變實際死亡人數	46
線性無底限模式癌症死亡人數	302
線性無底限模式天生病變死亡人數	67
輻射居民實際癌症死亡人數	7
輻射居民實際天生病變死亡人數	3

　　臺灣輻射鋼筋事件，對輻射可以增進健康效益這個議題提供了一個非常難得又極其重要的科學證據，促使這個事件能夠在這個議題上做出有力

的貢獻，這要歸於幾點因素：

1. 現在世界各地很難能夠有這樣的機會，可以促成有系統、有效率、有連貫性、一致性的專業探討，在這個議題上提供直接的科學證據。

2. 臺灣醫學的素質與程度在世界排名第二，從醫療追蹤與過程取得所需要的數據，都符合搜證這個議題在品質上的要求。

3. 臺灣的核能與醫學專業業界對於質疑低劑量法規的認知已有學術性的認知，而能充分掌握資源與機會，對測量與分析從事適當的步驟，蒐集充分的資料，達成完整的研究。

上面的幾項因素都是這一個研究案成功的因素，促使臺灣的輻射鋼筋事件能夠成功的完成一個完整的科學驗證，提供了輻射可以增進人體免疫力的證據，但同時也印證了為什麼在世界其他地方，若要執行相同的任務會面臨許多困難，這些困難的本質與程度，可藉由下面正在進行兩個案例做更詳細的敘述。

8.6.2 新冠病毒的輻射治療

2020 年新冠病毒在全世界肆虐，造成死亡無數，醫學界沒有及時發展出疫苗或特效藥能夠有效的防治這個病毒，迄 2020 年底，全世界確診人數已超過八千萬人，除了很多藥廠在積極發展疫苗之外，醫學界也試圖用各種藥物或醫療方法來控制疫情，許多國家的醫學研究機構，本來就相信低劑輻射劑量有防疫作用，甚至可以有效的防範病變，於是他們開始了用低劑量輻射施用於新冠病毒病人身上，做試驗性治療。這些國家包括了美國國、印度、伊朗、西班牙、丹麥、瑞士。

8.6.2.1 輻射治療肺炎始於1930年

用輻射來治療新冠病毒的肺炎是有根據的，原來，在醫療的歷史

上，有過這樣的案例。1930 以前，抗生素尚未問世，醫院曾經用 X 光對嚴重肺炎病人做照射治療，施用在病人身上的輻射劑量在 30 至 70 毫西弗之間，治療效果報導都有記載，結果顯示可以使原來 30% 的死亡率降低，對支氣管肺炎的死亡率可以降到 13%，對整葉肺炎的死亡率降低到 5%。那時候用輻射做治療只是起步階段，還沒有意識到要有全面研究的必要，也未從現代醫學的角度，仔細記錄病人對各式輻射劑量的反應，再加上 1940 年代初期有了抗生素的發明，於是用輻射治療肺炎的方式就沒有繼續採用，所有有關輻射治療的議題也不再探討，輻射治療的特質、輻射劑量與健康關係與輻射治療優化，這許多方面的研究也都不再被專注。

8.6.2.2 2020年低劑量輻射治療的結果

低劑量輻射治療（Low Dose Radiation Treatment，簡稱 LDRT）這個名詞在 2020 年又開始崛起，但是由於世界上所有這方面的案例，數量尚未多到在統計上可以被認可的地步，加上這個議題雖然被許多專家認定有其正面效果，但是低輻射劑量的健康效益尚未掌握其理論基礎與全面醫學認知，所以有關 2020 年一切低劑量輻射治療療效的報導都被謹慎的處理，避免治療結果被誇大其詞或被視爲不實報導。

目前已報導的治療效果是：經過低劑量輻射治療的病人多數都能縮短其治療過程而有其正面的療效，但是這樣的治療過程是否可以斷言能夠治癒新冠肺炎或防止死亡仍言之過早，畢竟這是一個治療方法的初步階段，是在病毒肆虐沒有解藥的情況之下，一些醫學研究機構積極尋求各種治療的可能性，才開始試用低劑量輻射治療。但是，若要完全掌握醫學機理與發展出精確的治療程序，仍然須要依賴更多的案例與更有效率的機制，投入更多的資源與時間來執行全面的研究，才能得到完整的答案。美國已經有一群專家，分別來自有 7 個有名望的醫學大學、癌症醫療中心與研究機構，對目前所有已經得到的結果共同做了評論，他們一致認爲用低劑量輻

射做新冠肺炎的治療值得繼續進行，也寄望從各種試驗性的治療可以得到更多科學上的答案。

8.6.3 百萬人數據

近幾年美國有一個頗具規模的研究方案蒐集與分析有關很多人的資料與數據，這些人都是接收過輻射劑量的工作人員或退伍軍人，要用他們在這七十年裡，所經歷的健康狀況與疾病發展有關的數據，用來建立科學上的基礎，以驗證線性無底線模式的適用性，繼而做為訂正輻射劑量法規的依據。

這個方案的名稱是百萬人研究案（Million Person Study），所涉及的人數也正好在一百萬人左右，表 8.9 顯示了這些人的組成份子、所屬的機構或工作性質與人數。

表8.9　百萬人輻射劑量研究方案

管理單位	人員	包括時期	人數
美國能源部	工作人員	40年	360,000
美國核能管制委員會	核能電廠員工	25年	150,000
美國核能管制委員會	工業輻射操作員	25年	130,000
美國國防部	核試爆參予人員	早期	115,000
美國國家癌症研究所	醫護人員	40年	250,000
總計			1,050,000

這個方案的規模，除了可以從涉及人數之眾多，也可以從所參與支持機構之多元看出其意義，這個方案已經涵蓋了廣泛與全部的層面，這些機構是：

1. 美國能源部（Department of Energy, DOE）

2. 美國核能管制委員會（Nuclear Regulatory Commission, NRC）

3. 美國國家航空暨太空總署（National Aeronautics and Space Administration, NASA）

4. 美國國防部（Department of Defense）

5. 美國國家癌症研究所（National Cancer Institute）

6. 美國疾病管制暨預防中心（Center for Disease Control and Prevention Center, CDC）

7. 美國國家環境保護局（Environmental Protection Agency, EPA）

8. 美國能源部國家實驗室（National Laboratories）

9. 蘭道爾公司（Landauer, Inc.）

這個大方案的研究對象包括許多工作性質不同的人員，依據他們所涉及的輻射特性、工作環境與任務要求，分成了 29 個梯隊，針對這些梯隊所具有一致性的特色，各別進行資料蒐集與數據分析，這些工作正在進行中，目前這個研究方案尚未有具體的結論。

由於研究方案的規模較大，加上一些特殊的考量，所涉獵的分析又必須符合科學上的標準，這個方案就需要較長時間完成，而且又有一些特殊的考量需要處理，這包括了幾種情況，例如：早年抽煙人口多，抽煙致癌因素需要與輻射致癌因素分開；早年建築材料中常含有被廣泛使用來絕熱的石棉，石綿已被判斷為致癌物而在近年禁止使用，石綿的致癌統計數字也已經被包括在所蒐集的整體資料內，因而需要費時釐清，才能對輻射致癌的效應做出正確的估算，而得到有意義的結果。

待續的工作與未來展望

人們對輻射的恐懼來自於，看到早期原子彈爆炸對人體的傷害，核電廠爆炸所釋出的高劑量輻射造成救災人員死亡，民眾認知了這一切過程的慘況，因而對輻射產生恐懼，這是一種自然的正常反應，相當於人們存在心中的一種自我保護之機制，驅使人們遠離輻射。各地政府也制定了保障大眾健康的法規，限制人民接收輻射的劑量，杜絕罹癌機率，也是順理成章的措施，即使法規過於苛刻，只要能效達到防護的目的，採取保守的立場也屬正常。

但是近幾十年的數據已經明確顯示，當能致命的輻射劑量大幅減少時，反而對人體的健康產生正面效益，而且這樣的情況往往發生在輻射劑量稍略偏高於現在法規定的上限劑量，這樣的發現已經在學術期刊或出版的書籍中有許多報導。這樣的認知引發了學界與業界開始對現今法規基礎產生了懷疑，而且也開始冀望能夠審定出更適當的輻射劑量，用以增進健康，並且希望能遵從科學方法來實現完整的驗證，不但如此，也希望醫學界能常規性使用適量輻射當做增進健康的工具，如比照從事打防疫針的實施，但是要達到如此遙遠的目標之前，還有許多工作需要完成，這些工作可以綜合例出如下：

1. 目前仍然有許多研究案例支持著原來的線性無底限模式，建議繼續採用保守的評估方式，這包括了一些各地的醫學機構繼續支持現有法規的立場，主張在沒有完整的科學證據之前，仍需依賴原來的估算模式，這樣的情況必然有其理由，但不論支持或反對，兩種立場需從科學的角度找出差異的原因。

2. 低輻射劑量的激發效應，使人身產生防疫機制已有多方報導，舉

出為數甚多的研究案例，但是其完整的醫學機理需要有更多資源的投入做深度研究才能全面掌握。

3. 已有不少報導顯示，採用現在法規上限輻射劑量的數倍甚至數十倍，只要瞬間性的輻射強度不高，可以呈現健康效益，但實際數字仍然有待審定，不論是為專業人員要審定出新法規的上限劑量，或者為一般大眾設計出健康效益劑量，都須要有大幅度的研究做為基礎才能完善地制定。

4. 專業人員可能在適當的輻射環境裡，已經能夠得到某種程度的健康效應，但是針對一般民眾，為健康理由，若要比照打防疫針之策略，讓民眾接受低劑量輻射，但是如何執行輻射的實施，仍然需要有特別的專業設計。

9章

核能新技術

前言

　　大家常聽到幾個與核能有關的應用，不外乎是核能發電、核子武器與核子醫學，但是核能其實還有其他頗廣泛的應用，這些應用，有的在技術上已經發展成熟，正在準備大量生產之前，進行著樣本原型的設計，也有的仍在研究發展中，一直沒有突破技術上的瓶頸，但科學界仍在孜孜不倦地努力於其中。另外也有的是在許多年以前就開始了研究，但因為經費因素與科技需求之改變而中斷，但近年又因為經濟情況有所改變與科學需要的出現，又重新開始它的研發設計，這裡會針對一些實例做進一步的描述，因為這些實例有極大的可能會影響到我們二、三十年後生活的方式與經濟結構。

核融合

　　目前人類想像出可以應用核能來發電或當做能源的方式只有三種：核分裂、核融合與放射性蛻變，除了這三種方式之外，是否仍然存在其他方式，或呈現更有效率方式，仍不得而知。因爲這三種方式是人類先觀察到物理現象之後，給了人類靈感，人類再去努力推斷出這些物理現象所涉及的物理原則，掌握到物理原則之後，應用到工程上，設計出實用的機器做爲能源。

　　利用核分裂的特性建設核能發電廠，是人類先對某一些核子元素，觀察到它們有核子分裂的特性，就利用這個特性，在實驗室裡找到了控制這種特性的物理原則，繼而在工程上根據這些原則設計出大型機器應用這個核分裂特性，實踐了物質轉換成能量的效應，建造成核能發電廠，直接利用了核能。

　　另外有一些元素本身就有放射性，這個特性可以被用來做成電池、電動汽車或其他用途的電源，因爲這些放射性的本質就是一種能量，它的能量密度遠遠不及核分裂反應產生的能量，所以它的設計都專注在做成比較小型的電源，如核能電池或核能汽車，只是它尚未在地球上被使用，但是在這近幾十年裡，這類的應用已被廣泛的使用在太空飛行裝置的電源，或用於降落在火星表面上的探測車，一樣做爲電源使用。

　　核融合是除了核分裂之外，另外一種被人類寄望的核反應，可以用來建設大型核能電廠。核融合的特性，在理論上可以被利用來發電，原因是太陽一直能夠產生大量的輻射能量，就靠著綿綿不斷的核融合反應產生核能，以光與熱的形式傳達到地球，這種能力驗證了核融合的功能，它產生的能量在原則上可以被用來發電，所以人類冀望能夠在地球上複製這種核

子反應，做為能源基礎。

而且，核融合的這種核子反應比核分裂的核子反應，所產生的輻射副產品之數量減少許多，再者核融合的原料是氚，一種氫原子的同位素，可由海水提煉而出，蘊藏量豐富無原料匱乏之顧慮，但是這種核子反應，在實驗室中尚未找出控制它的物理法則，而無法有效的控制核融合的點燃、進行與關閉，所以迄今科學家尚未能成功的設計出一個以核融合為基礎的核能電廠，但是近五十年科學家在這議題上也有不少進展，近年媒體也紛紛報導各國在這方面的成績，甚至有商業化的投資也已經開始，在下面的幾個章節裡會對這個題目做一些整理與解說。

9.1.1 物理背景與發電的必要條件

「控制」這個名詞是核融合所面臨的最大問題，也是因為人類尚不知道如何「控制」核融合的核子反應，所以在這個技術的發展上已經花了 50 年，但仍然無法利用它來發電。核融合的核子反應雖然在太陽上時時刻刻地進行著，但是太陽的核反應是持續發生的，是一種無法控制的狀態，不能夠直接在地球複製，而用核融合的核子反應也成功的製成了實驗型的核子武器，但是，也是先利用了核分裂的原子彈做為引爆，才能啟動以核融合為主的氫彈，這也是一種無法控制的形式，不能用在發電上，所以用來發電的核融合反應又稱為能控制的核融合（Controlled Fusion），找出如何控制核融合的物理機制，仍然被科學家們摸索中。

在第二章裡，討論過核融合的基本物理，也從物理的角度敘述了核融合的控制問題與啟動上的要求，兩者都是是目前科學家所面對的困難，因為困難尚未克服，使核融合仍然無法用來發電。而近年來許多學校、研究機構紛紛發表了他們的成績，媒體也大幅報導這些研究的突破重點與進展，但是這些成績是否可以做為實踐商業化的指標仍然有待觀察，這一章

所要呈現的主題是從一項未來新技術的角度，整理出各國近年的成果，討論這些成果在未來展望上的意義。這包括了下面這些題目：

1. 技術困難的特質是什麼？
2. 各國近年所宣稱的突破或進展是什麼？
3. 還有什麼其他的技術關卡須要克服？

9.1.2 核融合反應爐之研發

許多國家都進行了核融合的研究發展，核融合也有另外一個名詞，叫核聚變，都是由 Nuclear Fusion 翻譯過來的。由於各種實驗在世界各地已經進行了 60 多年，改進了許多實驗形式，讓科學界累積了許多寶貴的智識與經驗，到了 2022 年，核融合的研發設計基本上可以歸納成三種比較成熟的物理實驗模式：1. 慣性圍束法（Inertial Confinement），2. 磁場圍束法（Magnetic Confinement）——恆星型（Stetllarator），3. 磁場圍束法——托卡馬克型（Tokamak）。

由於核融合是一很涉獵很廣的專題，若要有系統地詳細解說所有的實驗模式，得需要用一整本書才能概括全部有關的題目，而這一章節因為有不同的宗旨採取選擇性的討論，這一節的主要宗旨是要有效率的敘述，核融合的研發還需要做什麼才能夠有突破性的進展，而迅速的達到商轉的目標，所以在這裡從這三種模式裡，只選一個模式對它作更深一步的解說，冀望能夠藉此有效地描述核融合發電的整體概念，選出的模式是第三種模式，即磁場圍束法——托卡馬克型，當作主要範例做進一步的解說。

選擇托卡馬克為當成基本範例來進一步解說核融合如果當成新能源，也有另外一個原因：在近幾年來許多國家宣布他們在這方面的成績，都用托卡馬克機型做實驗，各有突破性的進展，這些進展對商業的運轉帶來了許多希望，同時此刻有三十五個國家正在合資共同設計發展建設一個

超大的托卡馬克進行下一步的實驗，希望能夠一鼓作氣突破幾十年的技術瓶頸達到核融合的物理狀態，就可以完成適用發電的初始模型。

托卡馬克的原文是俄文，意思是被電磁線圈纏繞的環狀空室，是俄羅斯科學家所發明的，它的形狀看起來像一個甜甜圈（Donut），如圖 9.1 所呈現的一個裝置是一個有代表性的設計，它的大小也標示在圖中，但是各國的實驗的規模各有不同，所以大小也有不同，圖中也顯示了什麼是主軸半徑（Major Radius）與什麼是次軸半徑（Minor Radius）。

9.1.2.1 托卡馬克的物理現象

先簡單的介紹一下托卡馬克的原理。核融合反應是兩個氫原子同位素，氘的原子核融合在一起變成了一個比較大的原子核，形成了氦原素（Helium），這個過程使得兩個氘原子核的質量總數減少了，達到質量轉換成能量的效果，而釋放的能量以熱能形式釋出用來發電。

要使兩個氘原子核融合在一起，要藉外來的力量把兩者壓縮在一起，造成核融合，這外來的力量來自強大的磁場，能夠把氘原子核束縛在一起，再用磁場生電的方法把能量加在氘原子核上，先使它們變成帶電的離子，就可以被磁場控制而受擠壓，達到可以產生核融合的要求，所需的磁場之建立靠的是三組磁鐵。如圖 9.2 呈現這三組磁鐵與它們所產生的磁場，第一組磁鐵是一連串的環形磁鐵，形狀像大寫的英文字母 D，它們共同產生了托卡馬克沿著主體內主軸方向的磁場，第二組的磁鐵是位於大環的中心，一個圓筒形直立的電磁鐵，會產生極體形磁場圍繞著主體，呈現類似主體截面積沿著圓周的磁力線，這兩組磁鐵會使主體內的綜合磁場呈螺旋變化，主要目的是束縛氘離子驅向體內中心位置，並保持穩定而不致於快速消散，第三組磁鐵稱為極體磁圈，看似兩個平躺的大鐵圈，產生的磁場能控制氘離子在主體內的位置與形狀。

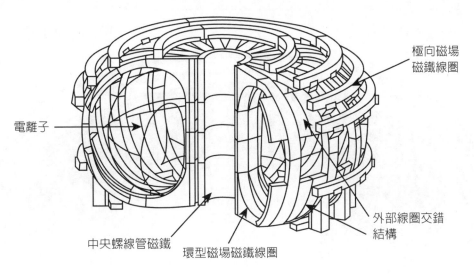

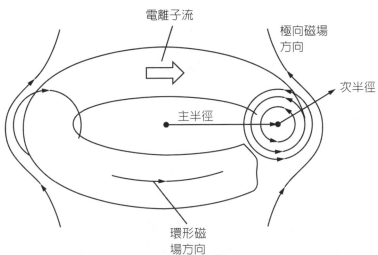

圖9.1　多卡馬克磁場與兩半徑示意圖

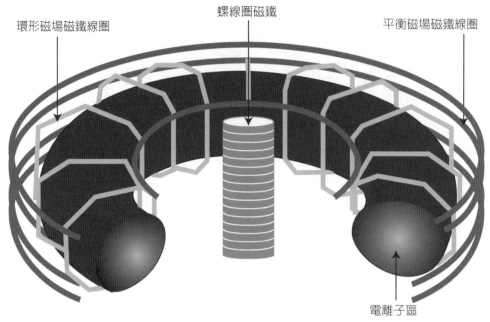

環形磁場磁鐵線圈　　　螺線圈磁鐵　　　平衡磁場磁鐵線圈

電離子區

圖9.2　托卡馬克磁鐵線圈

9.1.2.2 托卡馬克的啓動

　　用一個簡單的物理概念，可以說明如何能夠滿足核融合的條件，而能啓動核融合的核反應。前面所談的，用強力磁場來把氘原子緊密的束縛在一起，是一種啓動的方法，使用這個方法可把氘原子密集地擠壓在一起，但是擠壓到什麼程度才可以產生核融合，找這個答案就要依賴一個公式叫洛森判據（Lawson Criteria）做為指標。可以想像而知，把許多氘原子擠壓在一起，擠壓密度越大就愈容易發生核融合，擠壓在一起的時間愈久，就容易發生核融合，再者核融合的核反應，是先要給予氘原子愈多能量，就愈容易克服兩個離子之間的電磁排斥力使它們靠近，而產生核融合，所以溫度愈高就愈容易產生核融合，所以密度、時間與溫度這三個參數掌握了啓動核融合的契機。

　　約翰・洛森這位物理學家在 1958 年發表了一篇很有意義的論文，文

中指出，他用核融合的釋放淨值為先決條件而導出一個公式，決定了離子所具備所密度與束縛時間，這兩個參數相乘以後必須要滿足一個最低值才能成功的達成核融合，後來的科學家引用了他的公式，藉以斷定一個實驗型的核融合裝置是否能夠達成持續的核融合，也可以用來表達一個實驗離核融合的成功還要走多長的路。圖9.3就是用來解釋這個概念，更重要的是此圖可以用來做綜合性的表達，同時呈現所有各國的實驗離最終的核融合目標還有多遠。

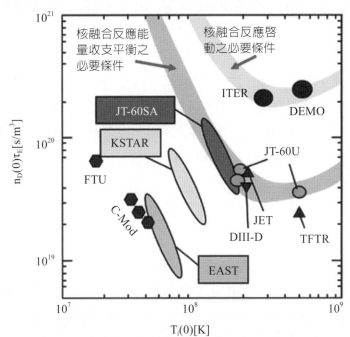

圖9.3 核融合反應能量收支平衡之必要條件與各國實驗進度之展示

用 n 來代表離子密度，τ 是離子束縛時間，T 是溫度，用這三個參數可以看出一個實驗是否滿足洛森判據，這一切都可用圖9.3表達。圖中的曲線顯示了 n 乘以 τ 與 T 的關係，洛森判據的意義是，在曲線以上範圍內的各種情況是符合洛森判據，意思是核融合實驗，如果能夠做到這些參數的數值，可以呈現於曲線以上，就可以實現持續性的核融合，這也是這幾

十年以來科學家努力的目標，圖中也呈現世界各國所做實驗的成果，用他們所測出的離子的密度 n、束縛的時間 τ 與達到的溫度 T，在這圖中直接的表達了他們的成績，反應出他們在這個研究領域的貢獻。

9.1.2.3 各國的托卡馬克

在過去的五十多年裡，世界各國用托卡馬克做的實驗已有五十個左右，表 9.1 顯示一些有代表性的實驗，這些實驗的名稱、裝置的大小與測量的數值都列入表中。選出的這些實驗列入了表內，也呈現在圖 9.3 中，這兩者做一對照，可以了解到各項實驗在核融合方面的貢獻，做為一個有共同基準的參考，值得一提的是列在表中的 ITER。ITER 是一個正在建設的裝置，它是一個世界矚目的大型實驗，有三十五個國家參與這個項目，預計在 2025 年建設完成，科學家們對於這個未來的實驗都有著高度的期待，寄望它能夠在核融合上有所突破，開始實現核融合商轉的夢想。從圖 9.3 也可看出 ITER 進入了洛森判據的範圍內，這意味著它將會成功達成核融合的目標。

9.1.2.4 超導材料製成電磁鐵

促使核融合在托卡馬克中發生，所要求的物理狀態是需要有強大的磁場，這個要求的首項需求是所用的大型電磁鐵必須能夠承載大量的電流，用以產生強大的磁場，但是大量電流的產生依賴著電磁鐵本身的電阻能夠降低，托卡馬克的許多前期實驗，因為不能實現太低的電阻而受到限制。近年，因為超導材料方面的科技有了進步，使得電磁鐵電阻降低電流增加，建立磁場的功能增強，而促成了一些國家在這方面的實驗得到了彰顯的成績，近幾年許多新托卡馬克實驗紛紛躍躍欲試也基於這個原因，都拜超導材料之賜。表 9.1 列出了一些近年成績斐然的實驗，與一些國家正在籌建的新裝置，都採用了超導電材料製造所需要的大型電磁鐵。

表9.1 代表性托卡馬克實驗

地點	名稱	運作年分	主軸半徑（公尺）/ 次軸半徑（公尺）	磁場強度（T）/ 離子流量（MA）	要點介紹
俄羅斯	T1	1957-1959	0.625/0.13	1/0.04	托卡馬克
美國	ATC	1972-1976	0.88/0.11	2/0.05	初期示範離子壓縮
美國	PLT	1975-1986	1.32/0.4	4/0.7	首次達1MA
俄羅斯	T10	1975-	1.5/0.37	4/0.8	初期大型示範
美國	TFTR	1982-1997	2.52/0.87	6/3	普林斯敦5億度反撕磁力
俄羅斯	T3	1962-	1/0.12	2.5/0.06	磁場加高
美國	ALC-C	1991-2016	0.68/0.22	8/2	麻省理工測離子壓力
法國	TFR	1973-1984	1/0.2	6/0.49	法國初型
中國	EAST	2006-	1.85/0.45	3.5/1.0	達攝氏5千萬度100秒
日本	JT-60	1985-2010	3.4/1.0	4/3	由JT60繼續曾達五億度
英國	JET	1983-	2.96/1.25	3.34/4.8	歐洲共有圓環實驗
印度	SST-1	2005-	1.0/0.2	3/0.22	超導磁鐵核融核分裂共存
美國	DIII-D	1986-	1.67/0.67	0.2/3	研究參數優化
德國	ASDEX	1991-	1.65/0.5	2.6/1.4	升級中，發現H態
法國	WEST	2016-	2.5/0.5	3.7/1.0	升級中，用超導磁鐵
南韓	KSTAR	2008-	1.8/0.5	3.5/2	超導磁鐵達1億度20秒
美國	NSTX	1999-	0.85/0.68	0.3/1.4	球形實驗裝置
美國	SPARC	2025	1.85/0.57	12.7/8.7	麻省理工新實驗
英國	STEP	2040-	3/2		球形實驗裝置
俄羅斯	T-15MD	2021	1.48/0.67	2/2	超導磁鐵核融核分裂共存
法國	ITER	2025	6.2/2.0	5.3/15	35國

9.1.2.5 初期原料用氘氚

在第二章介紹核融合時，列出了兩個核融合的核反應式，第一個核反應式是用兩個氘原子為原料進行核融合，第二個核反應式是以一個氘原子與一個氚原子進行核融合，這兩類核反應各有它的長處與短處。

第一類的核反應發生的傾向程度或容易程度比較小，專業的術語是，兩個氘原子的核融合之反應截面積比第二類核融合的核反應截面積數值較小，意思是用氘與氚比用兩個氘原子較容易促成核融合，因此在近期所推出的托卡馬克實驗都是以氘與氚為主做為原料。

以氘與氚為原料也有缺點，因為氚不存在於地球天然礦內，必須要經核反應滋生而產生為其主要來源，所以一旦核融合的電廠設計趨進成熟之時，設計的考量必須在電廠的反應爐內加入一塊區域做為滋生氚元素之用，氚元素的產生是利用核融合產生的中子與置於滋生區域的鋰元素做核子反應而產生出氚，氘（Deterorium）的符號是 D，氚（Trium）的符號是 T，鋰元素的符號是 Li，氦元素的符號是 He，氚的滋生可經由下面的核反應顯示：

$$D + T \rightarrow He + 中子 + 17.6\ MeV\ 能量$$
$$Li^7 + 中子 \rightarrow 氚 + He^4 + 中子 - 2.49MeV$$
$$Li^6 + 中子 \rightarrow 氚 + He^4 + 4.8\ MeV$$

附帶一提的是，有一天當核融合可以用來發電之時，電廠的設計會面臨到由核融合產生的熱能取出用來驅動發電機時，會有許多技術上的瓶頸，其中一項是熱能的接受區域會被限制在大型電磁鐵中間與托卡馬克外壁之間的狹小區域，這個區域將呈現高密度的能量分布，它的設計需要許多特殊的考量，最需要的是它必須採用高效能的冷卻方式才能有效又安全的取出能量。有效的方式中，包括了使用液態金屬為冷卻劑，因此採用液

態金屬鋰來當成冷卻劑，已被工程師們做爲優先考量的選擇，因爲它同時具備了優質的冷卻功能與滋生氚的能力。

9.1.2.6 三十五個國家的希望都在ITER

ITER 的原文是 International Thermonuclear Experimental Reactor 國際熱核實驗反應爐，Thermonuclear 這個字的直接翻譯是熱核，指的就是核融合。ITER 是一個巨型托卡馬克，2013 年開始興建，預計 2025 年完工，預計耗資可達 650 億美元。

2025 完工後所做的實驗，期待的成績將會是：溫度高達幾億度，同時由於規模較大，輸入功率可以達到五千萬瓦 50MW，在托卡馬克內成功的完成核融合後，可以持續 400 秒的時間，產生五億萬瓦 500MW 的功率，也就是在一段有限的短暫時間內，輸出功率是輸入功率的 10 倍，驗證了核融合發電的初衷，成就了核融合可以發電的物理基礎。

ITER 的計畫是在 2025 年的實驗以後，將繼續研究發展所有一切有關的建廠科技，希望在 2040 年能建設一個未來商業運轉的模型示範電廠。

9.1.3 核融合電廠的工程設計

核融合的核反應發生範圍在托卡馬克大圓環的中間軸心附近，具體位置可以參考圖 9.4。核反應所產生的能量，其主要形式呈現在中子的動能上，中子是核融合反應後產生出來的，帶著 17.6 百萬電子伏特的能量，穿過分隔牆（First Wall）進入了一個大約有二至三公尺左右深度的、稱之爲夾毯（Blanket）的空間，此處會灌滿鋰元素準備與中子再產生核反應滋生出氚元素，氚再回饋到托卡馬克中心，做爲核融合之燃料。同時由於高能量中子進入這個空間後，中子在此迅速減速而把動能轉換成熱能，這個夾毯空間就成爲一個核融合反應爐主要能源的對外供應區，外界的冷卻

劑引進這個區域可以把熱能帶出，再送入蒸氣產生器產生水蒸氣，藉以推動渦輪與發電機而發電。圖9.4除了呈現核融合反應的地方，也標明了分隔牆、夾毯區、磁鐵主要組件的相對位置與空間上的布局。

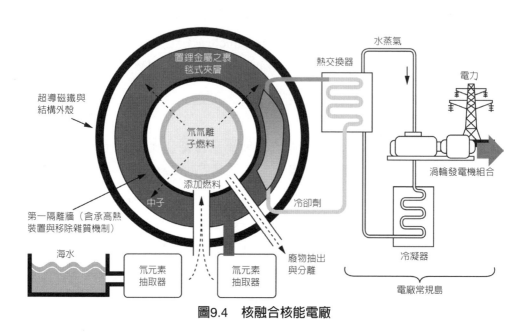

圖9.4　核融合核能電廠

9.1.4 其他核融合方式

除了仰賴托卡馬克型的裝置產生磁場來束縛壓縮氘與氚原子核，而達到核融合的目的之外，另外也存在幾種其他的方式促成核融合，這些方式被科學家研究了幾十年，也得到豐碩的成果，這些方式仍有成功的機會，有一天成為發電的物理基礎，這一節裡選擇了三個主要的方式做簡單扼要的描述。

9.1.4.1 慣性圍束核融合仍在努力中

　　慣性圍束的原文是 Inertial Confinement，它的原理是把氘與氚原子放在一起做成標靶，由外界四面八方同時對標靶射入高能量雷射光，促使在中央的氘、氚兩類原子接受外界傳入的能量，也同時被壓縮而達成核融合。圖 9.5 是一個示意圖，表達慣性圍束法的核融合概念，圖中顯示兩個概念，第一部分是物理概念，第二部分是實驗裝置的概念。目前在這方面做研發的國家有日本、歐盟與美國。

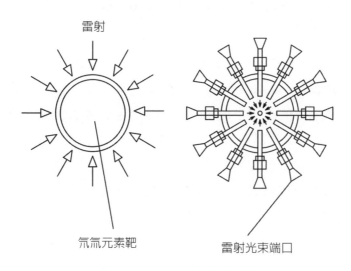

雷射

氘氚元素靶　　　　　　雷射光束端口

圖9.5　慣性束縛法核融合

9.1.4.2 恆星式磁場圍束裝置

　　另外還有一類核融合實驗裝置形狀與托卡馬克相似，稱為恆星裝置（Stellarator），如果托卡馬克看起來像甜甜圈（Donut），恆星裝置看起來就偏向手鐲的幾何比例，不但如此，它的機型本體呈扭曲形狀，目的就是在內部形成特殊磁場有利於核融合的發生，圖 9.6 的右邊呈現一個恆星

實驗裝置，左邊是一個托卡馬克機型，兩者放在一起可以做一比較。

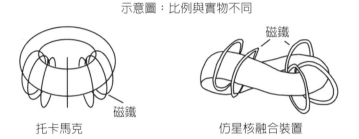

示意圖：比例與實物不同

托卡馬克　　　　　　　　　仿星核融合裝置

圖9.6　托卡馬克與仿星核融合裝置

　　用恆星裝置來產生磁場進行核融合實驗也有 60 多年的歷史，世界各國所建造的機組也有 40 個左右，近年一個具代表性的裝置是德國的 Wendelstein 7-X，它的主軸半徑是 5.5 公尺，次軸半徑是 0.53 公尺，現在的機身代表著 40 多年的經驗與一連串的升級，加上在幾十年裡數次成功的實驗，在這方面領域有獨特又裴然的成績，所以它代表著這類設計仍然有可能在實踐核融合與建設商業電廠的時間表上拔得頭籌，目前它的目標是在 2022 年能夠實現核融合的常態進行（Steady State）。

9.1.5 現況與展望

　　利用核融合來發電一直是科學家的美夢，原料可以由海水提煉，核反應副產品的放射性低，又有太陽進行的核融合是人人每天見到的示範，都促使人們在這方面不斷努力，冀望核融合可以成為能源的主要方式，然而人類在這方面已經努力了 60 年尚未成功，其原因有三：1. 達成核融合不難，但是要控制它做為發電的基礎卻很難，這方面的科技尚未掌握到。2. 需要大幅度的投資，而沒有一個國家願意獨立做研發工作，2025 年

ITER 是 35 個國家的共同項目，也是前所未有的壯舉。3. 世界能源尚未達到非常短缺的地步，研發核融合並非迫不急待，所以它的研發並不積極。

　　氣候劇烈的變遷將會嚴重到什麼程度，全球減碳的意願能夠提升到什麼層次，這些因素都會直接影響核融合發展的速度，近年來各國在這方面的研發，也達到某一些突破，加上未來諸國合資的 ITER 巨型實驗可能有初步的結果，這都有可能使核融合用於發電在未來 20 年裡發生關鍵性的進展。

美國國家航空暨太空總署（NASA）

　　六十年前美國就已經發展了用核能做火箭推動力的技術，在那時候所做的相關實驗也都成功的完成了，後來因為經費不足，一切相關的發展就停止了，1960 年代一系列涉及設計與測試順利完成後，繼而有計畫準備在 1980 年代送 12 位太空人去火星，但是因為發生越戰，加上其他國際因素與國內經濟考量，這些計畫沒有實現。近幾年美國政府再度啟動這些停頓了近六十年的工作，要發展以核能為動力的火箭，準備在火星進行有規模之探測，2019 年美國航太總署（NASA）開始了這方面的討論，並有意先從再度上月球的任務開始，期望能夠從中吸取經驗與發展所需技術，為去火星的任務鋪路。

　　以核能做為太空探測的能源分為二大類，第一類是以同位素的輻射為主要能源，另一類是以核反應爐為主的能源，下面二節分別對這兩個題目提供詳細的解說。

9.2.1 已用於火星探測車電源

　　先簡單的說明一下原理，如何用一顆具放射性的同位素來產生能量當成電瓶使用。這裡用一個實際的例子當作示範，解說所涉及的物理現象，如何做成一個輻射熱發電機。

　　一個輻射熱發電機，英文是 Radioisotope Thermoelectric Generator，簡稱 RTG，是用鈽二三八同位素做為主要能源，因為它能發出阿伐射線，這些放射線進入包圍它的固體內產生熱能，熱能轉成電能的方式，

是利用兩條不同金屬製成的熱電偶，利用這兩個金屬的物理特性來產生電流。

　　圖 9.7 顯示了用兩條金屬組成的熱電偶（Thermocouple），熱電偶的兩端連接起來，如圖中所示，熱源置於兩端之一，這種安排會使金屬內的電子受到溫度差距而傾向移位，兩個金屬在物理特性上呈現有不同移位的能力，而造成連接的兩端出現電位差，這個電位差就可以被利用做成電源。根據美國航太總署的最新資料，一個輻射熱發電機熱電偶的材料是碲化鉛、碲化鍺與碲化銀銻，一個裝了七百多對這樣熱電偶並聯在一起做成的發電機可以輸出 110 瓦的功率，承載電壓是 30 伏特。2012 年登上火星的探測車好奇號，用的就是這樣的發電機，同樣的，2020 年 7 月 30 日發射的恆心號用的也是同樣機型的發電機，恆心號已在 2021 年 2 月 18 日在火星降落。

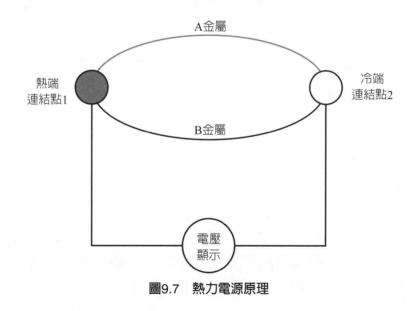

圖9.7　熱力電源原理

　　這類的電源裝置已經被用在許多各型太空探測飛行器上，有的隨著登月小艇（Viking Landers）登上了月球，現在仍留在月球上，另外有的已

經用在一些橫跨太陽系的小型飛行探測器中,如 Pioneer 10、Pioneer 11、Voyager 1、Voyager 2、Galileo、Ulysses、Cassini、New Horizons,也已經被用在幾個特殊的人造衛星上。

俄羅斯用這種能源裝置來運轉遍布各地、數千個無人燈塔與訊號地標,可見得用輻射產生熱能做成的發電機非常實用又有效果,另外值得一提的是,除了鈽二三八可以被用來做這種發電機的原料之外,還有鍶九○、釙二一○與鋦二四一等都可以於來做原料,只是選擇它們的考量需要顧及到這些同位素的輻射強度是否能產生足夠的熱量,與半衰期是否太短而使用期限不長,兩者的衡量須取決於使用目的與環境,做為設計上的選項。

9.2.2 太空船核能推進器登陸火星

先簡單說明一下原理,如何應用核反應爐產生的能量應來做火箭的推動力。基本上這種設計可以分為兩大類,第一類是直接用推進劑(Propellant),先經過核反應爐扮演冷卻劑的角色,把核反應爐的熱能帶出,冷卻劑也就是推進劑,它被快速加熱後,在噴嘴處瞬間膨脹,呈現爆炸性的推力,而推動火箭或太空船。第二類是把核反應爐的熱能先轉成電能,再用電能使推動劑變成大量的帶電粒子,穿越一個電場,促使帶電粒子立刻加速後,迅速由噴嘴釋出,形成推力,目前有被考慮採用做成此類推動劑的材料是氙氣。

圖 9.8 描述了第一種設計的原理。這是一個曾經做過的實驗,所使用的推進劑是氫氣,它被採用的原因是因為它能被迅速加熱,又具備了可以立即達到有足夠推力的膨脹特色。這種設計的名稱是核能熱力推進器(Nuclear Thermal Propulsion,簡稱 NTP)。

推進力原理
1. 一般使用液態氫為推進液，抽送至核反應
　 爐爐心
2. 核反應爐以鈾為燃料進行核分裂反應產生
　 高熱
3. 推進液受高熱而急速形成爆發式膨脹
4. 膨脹後推進液變成氣體在張口急速排出，
　 形成推進力

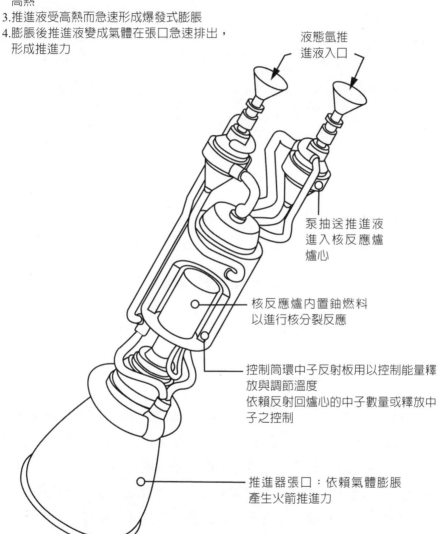

液態氫推
進液入口

泵抽送推進液
進入核反應爐
爐心

核反應爐內置鈾燃料
以進行核分裂反應

控制筒環中子反射板用以控制能量釋
放與調節溫度
依賴反射回爐心的中子數量或釋放中
子之控制

推進器張口：依賴氣體膨脹
產生火箭推進力

圖9.8　核能熱源火箭推進力

　　圖 9.9 展示第二種設計，名稱是核能電力推進器（Nuclear Electric Propulsion，簡稱 NEP）。圖中呈現這種設計會依賴核反應爐產生高溫熱能，經由一個轉換裝置把熱能轉換成電能，產生的電能使噴射器的推動劑離子化，再由一個產生的電場，使得這些離子瞬間加速，把離子推出噴嘴，產生推力。

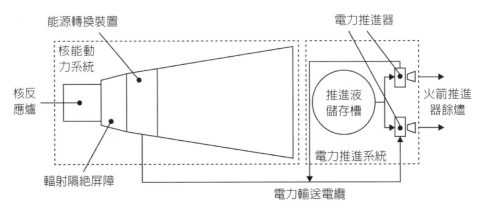

圖9.9　核能電動推進器

　　圖 9.9 與圖 9.8 有兩個重要的不同的地方是，圖 9.9 所呈現的核能電力推進器多出了兩個裝置，一個是能源轉換裝置，另外一個是電離子噴射器。1980 年代前蘇聯已經完成了這型設計的太空飛行器，成功地在太空飛行，飛行器中熱能轉換電能的裝置，稱為熱離子能源轉換器（Thermionic Energy Converter），這個轉換的原理是依賴一些耐熱金屬如鉬、鎢、鉭、錸、鈮等做成電池的電極後，置於核反應爐內，由核反應造成的高溫，促使這些金屬內的電子脫位而產電流，能夠具體又直接地把核能轉換成電能，形成一個有效的發電機，它的功率可以達到數千瓦。

　　這樣的設計與前一節描述的輻射熱發電機有所不同，現在已登上火星的探測車仰賴的是輻射熱發電機來供應電力與動力，只有 100 瓦的功率，而核能電力推進器所仰賴的機制是金屬所受溫度愈高，電子就更容易

脫出金屬體而產生更大的電流，上述採用的金屬都能耐高溫，很適用於這種發電裝置，這些金屬所受的溫度也達攝 2,000 度，遠遠超過輻射熱發電機的溫度，而且使用的核反應爐也是一個能夠產生高溫的裝置，這樣的組合適用於近期太空船，前蘇聯的 Cosmos 太空船，在 1987 年與 1988 年兩次成功用這樣的組合來驅動離子噴射劑的推動功能，這個發電機的名稱是 TOPAZ，使用的噴射劑是氣體氙元素，是一個成功的核能電離子發電機。

圖 9.10 呈現一種未來的核能電力推進器，可以產生更大的推動力，而核反應爐的出電量高達數百萬瓦。圖中所呈現的設計包括核反應爐、渦輪、發電機與其他具有特殊考量的裝置，使用的冷卻劑可能是氫氣氙氣混合體，它被加熱後，用體積膨脹的力量推動渦輪帶動了發電機而發電。由於這類設計用在太空飛行之能源有體積與重量的限制，必須要儘量達到高效率的使用熱能，所以設計中加入第二熱傳導迴路，目的是能夠充分再利用廢熱能，提高整體熱效率。

也是基於這個考量，第二迴路的冷卻劑會選擇液態金屬鋰或鈉鉀共晶熔融液，以便充分利用金屬的強大導熱特色，由於整體設計呈現的是一個迷你型的核電廠機組，所產生的電力就大出許多，能夠勝任更飛行更遠、飛速更快、載重更大的任務，前蘇聯在三十年就已經前進行這型的設計，但是當年並沒有付諸行動，直到近年因為人們開始有登陸火星的意願，這類設計又被再度提出做進一步的規劃。

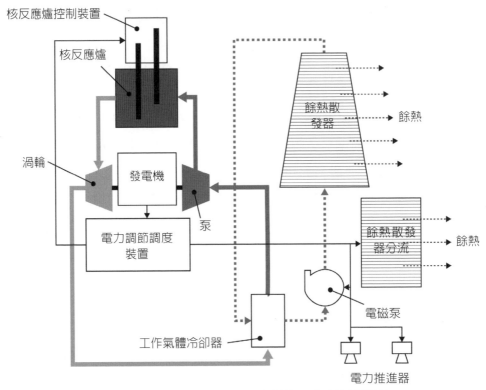

核反應爐控制裝置

核反應爐

渦輪

發電機

電力調節調度裝置

泵

工作氣體冷卻器

餘熱散發器

餘熱

餘熱散發器分流

餘熱

電磁泵

電力推進器

圖9.10　布瑞登循環發電式之核能電動火箭推進器

核能輪船

　　用核能做輪船的動力並不稀奇，核能潛艇與核動力航空母艦早已問世數十年，而這個議題在這一、兩年被提出，是基於世界各國致力減碳而考慮以核能動力取代以燃油為動力的輪船，比爾蓋茲的泰拉能源公司在 2020 年 11 月宣布他們要開始設計以熔鹽冷卻式的核反應爐為基本模型，做為輪船動力用途的相關計畫。

　　聯合國的 197 個會員國一致同意並簽署文件，同意在以後的三十年內，輪船動力的減碳目標是要在 2050 年前，把碳排量到減到 2008 年排放量的一半，這意味世界上輪船的累積總排放量會在 2050 年減少 90%，而世界上有 6 萬艘船都會面臨把燃油動力改裝成核能動力的可能性。

9.4 海上機動核能電廠

　　從 2007 年開始，俄羅斯進行建造了 2 座海上核能電廠，合計發電量有七千萬瓦（70MW）。海上核能電廠置於浮船上，它本身沒有航行動力，依靠另外一艘有動力的船來拉行，遊走海上各地。2020 年十月，南韓的電力工程建設公司與大宇造船工程公司簽下合作備忘錄，要共同建造海上機動式的核能電廠，機型採用的是壓水式核反應爐，發電量是六千萬瓦（60MW）。

　　這種型式的核能電廠有它的實用性，它可被拖到需要有電力，但是個地廣人稀的地方來做第一步開發或建設之使用，供應該地所需的電力。這樣規模的核能電廠，可以供電給一個人口在二十萬左右的城市，對於需要開發的地方或極度偏遠的地區成為一種很實用的供電方式，俄羅斯的第一艘海上核能電廠就準備送到西伯利亞北極海邊的寇拉半島與亞馬半島（Kola and Yamal Peninsulas），供電給這些地區開採石油與天然氣之用。

　　這種供應方式，可以由海上核能電廠的廠家，以電力公司的身分供電給一些不能或不願自己建設電廠的國家或地區。世界上約有 75% 的人口，分布在港口的 100 英里以內，使得這種供電方式出現另類商機。現在已有許多國家表態願意採納這種購電方式或租賃一艘海上核能電廠，表達意願的國家有中國、印尼、馬來西亞、阿爾及利亞、蘇丹、納米比亞、維德角與阿根廷。南韓是一個核電輸出國，也是一個航運發達的國家，除了俄羅斯之外，他們現在是世界上第二個洞察這個商機的國家。

　　從另外一個角度來看，所有能源選項中也只有核能可以被利用做成這樣的使用模式或商業範本。

9.5 硼中子補獲法治療腦瘤

　　世界各地的科學家在這幾十年裡不停地努力，發展一種用中子來殺死腦瘤細胞的技術，它的專業名稱是硼中子捕獲治療法，原文是 Boron Neutron Capture Therapy，簡稱 BNCT。這是一種不必動手術的治療方法，它的原理是要依賴硼（Boron）這個元素的一個特質，當它用了適當的配方製成特別的藥劑注入體後，可以被腦瘤細胞吸收，此時由外部對準患者病變的位置投射頗具能量的中子束，這樣的中子會穿透人體，當中子遇到腦瘤細胞內的硼元素會產一個特殊的核反應，這個核反應能製造出阿伐射線與鋰離子，而原地殺死腦瘤細胞，這個核反應的反應式是：

$$^{10}B + {}^1n \rightarrow [{}^{11}B]（激發狀態）\rightarrow {}^4He + {}^7Li + 2.31 \text{ MeV}$$

　　這個特殊的治療方式在近年引起了世界各地醫學界與核子物理專業的共同專注，從事研發的團體愈來愈多，參與的國家也愈來愈多，這些國家有：美國、俄羅斯、加拿大、日本、中國、韓國、瑞典、芬蘭、臺灣、波蘭、義大利、西班牙、德國、法國、阿根廷與新加坡。這方面研究的成績每年也有顯著成長。

　　這個治療方法所用的中子是來自一個實驗型的核反應爐或小型質子加速器，如果用核反應爐當做中子源，反應爐內部已經充斥的中子可通過特製的管道，讓中子逸散到爐外進入一個有輻射屏蔽的治療室，照射在患者身上。

　　用加速器當中子源的方式是，先把帶電的質子在加速器內加速後，使質子與鋰元素碰撞發生核反應製造出許多中子，再把中子以管道引入治療

室，照射在患者身上。

由於腦瘤難用手術治療，用中子殺死腦瘤細胞的技術，目前仍然被科學界積極研究，雖然它的進展尚未達到可以完全治癒的效果，但目前這個方法仍然可以延長患者數年的壽命，而成為一個有發展前景的醫療科技，目前學界專注的方向有二：1. 含硼的藥劑注射進體內希望能夠有所改進，使得藥劑在腦瘤細胞可以做到更有利的分布，以加強中子核反應的效果；2. 研發建置更適用的加速器做為中子源。

利用中子與含硼藥劑來治療腦瘤的嘗試已有七十年的歷史，而在近十年裡，這項利用核能的醫療技術又開始被關注，而有許多國參與了它的研發。

9.6 核能製氫

　　因為核能的能量密度極高，很容易達到高溫，而高溫的呈現是製氫的一個有利條件，所以在二十多年前就開始有用核能製氫的想法，目前這個概念與設計已經成為一個熱門話題，在以後的數十年裡有極大的可能，民眾開始普遍使用以氫氣為主的能源產品，即以氫氣為主的燃料電池，成為人們消費能源的常態方式之一。在討論用核能製氫之前，先簡單的介紹一下什麼是燃料電池（Fuel Cell），與氫氣在其中所扮演的角色。

　　近年來因為世界各國減碳的呼籲，大家也建立了減碳的共同目標，碳排放的來源變成了矚目焦點，由於火力發電與以燃燒汽油為主的汽車是碳排放的主要源頭，就成為改進的首要對象。二十年以來，很多科技的發展開始朝向減碳的新能源產業方向大步邁進，成功研發出來的燃料電池，能夠代替現有高碳排放的能源產品，而且用氫氣來當作燃料電池的主要燃料，這樣的裝置不但沒有碳排放問題，又增加能源使用的效率。

　　舉兩個例子，燃料電池可以直接被用作汽車的動力，也可以直接代替民間所用的小型發電機，這些燃料電池的燃料就是氫氣，燃料用完了，就表示電池內的氫氣已經完全與氧結合而變成水，只要把這個耗盡的燃料電池再充滿氫氣，這個燃料電池的功能又再度完全恢復，如同一個電池用完後可以再充電，充滿電以後可以再度使用，用氫做為能源轉換的使用劑，不但沒有碳排放的憂慮，更因為它有高效率的能源型式轉換特質，能有效降低眾人用電成本。

　　燃料電池內利用氫氣為使用劑做成電源，沒有直接涉及化學反應，而是利用有效的催化劑與氫氣特有的物理特性進行電化學反應，直接形成電池，圖 9.11 呈現了這個原理，這是一個簡化的示意圖。圖中有一個化學

聚合物質置於中間做爲催化劑，它也是一層滲透膜，有效的隔開氫氣與氧氣，避免了直接性的化學反應，氧氣由空氣而來，氫氣是燃料，由外界補充，兩者依賴催化劑進行了電化學的反應，產生電動勢形成一個電池。

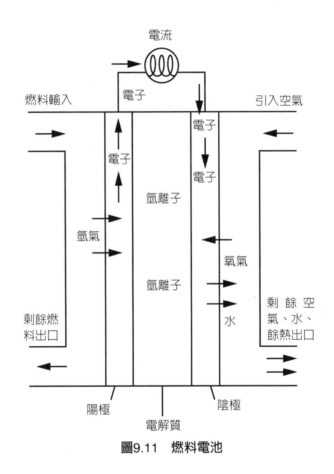

圖9.11　燃料電池

　　氫氣扮演的角色是一個傳遞能量的媒介，它的來源是由水分解生產出來的，但是它本身並不是一個能源產生的根本或源頭，這裡可以用一個例子來描述這個概念，也就是一個氫氣是媒介的概念。用核能發電開始談起，核能的產生在現代的核電廠內，裡面核反應爐進行了核分裂反應產生了大量能源，這是能源產生的起點，用的是質能轉換特質產生能源，這種

能量由於能量密度高容易呈現高溫狀態，高溫形成了製氫有利的條件，因為此類的水分解而產生氫的過程，在溫度愈高的情況下，愈容易進行。這種情形之下，氫的產生所依據的能源是核能，氫氣產生後，灌注入燃料電池做成汽車動力，或當成民生電源來使用。這個能源的傳遞方式所要表達的概念，從大循環的角度來看，氫氣有效的把核能轉換成日常民生依賴的電源，因此氫氣所扮演的角色是一個傳遞能量的媒介。

當然，也有另外一個角度，可以用來觀察能源的大循環，那就是，核能電廠用核能所發的電可以直接送入電網。譬如說，用家中電源來對電動汽車充電，也達到了利用核能的目的，這個方式現在已經被大眾駕輕就熟地使用，就利用氫氣做媒介傳遞能源的方式而言，被認為是畫蛇添足並非必要而產生質疑，但是，這兩個能源傳遞的大循環，在基本上有著一項巨大的差別，這個差別可以用圖 9.12 來說明。

圖 9.12 呈現一個高溫氣冷式機型的核反應爐，是一型下一代核電廠的設計，也呈現安裝製氫的功能。圖中右邊是一個高溫氣冷式核反應爐的示意圖，爐中的右半邊部代表著核能仍然可以推動渦輪與發電機用來發電，所發的電可傳送至電網供大眾使用，爐中的左半邊表示了一部分核能產生的熱能，被送到高溫分解水的製造廠來生產氫，此圖表達了一個核能反應爐的兩種功能，圖中左邊所顯示的是一個示意圖，表達水被分解而產生氫的基本原則與過程。

用核能產生的熱能來產生水蒸氣，藉之推動渦輪與發電機而發電，再送電入電網，這個程序的能源轉換效率並不大，再用一般電源接上電動汽車的電池來充電，也會蒙受低效率能源轉換所帶來的損失，但是，圖中所示是用熱能來直接製氫，而用氫氣來填充燃料電池，做成民生電源或汽車動力，本身就是一個高效率的能源轉換，因此用核能製氫有兩層重大意義：1. 可以達到零碳排放，2. 高效率的使用能源，大幅度減少電力成本。

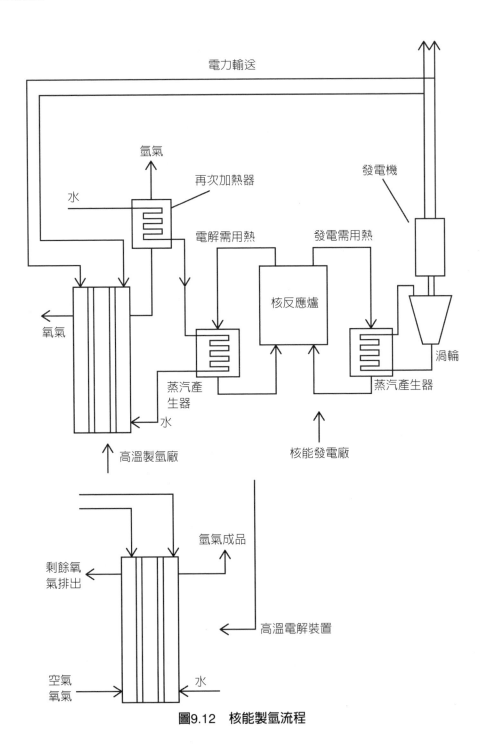

電力輸送

氫氣

再次加熱器

發電機

水

電解需用熱　　　發電需用熱

核反應爐

氧氣

蒸汽產
生器

水

高溫製氫廠

渦輪

蒸汽產生器

核能發電廠

氫氣成品

剩餘氧
氣排出

高溫電解裝置

空氣
氧氣　　　水

圖9.12　核能製氫流程

10
章

結
論

10.0　結論就是精彩的概要

　　這本書的宗旨是傳達資訊，並不推銷核電，針對所有有關的議題只陳述事實、智識與技術性的資料，而不著重於有關理念性的論述，也不推薦任何立場，而幾乎所有與核能有關的話題都根據這個原則，在前面的章節內一一陳列了細節，在這最後一章的結論裡，只把一些在前面幾章所呈現的概念，做一個更上一層樓、眼光放遠的描述。

我們活在電子的世界而看不到中子

人類活在現在的這個世界裡，每天依賴著發展成熟的文明，時時刻刻所依靠的是電子，以電子做爲主要媒介，使人體的生物機能持續活命，使人們所依賴的電器能夠運作，使大家所用的產品都依靠了電力才能製成，也依靠了化學變化，使所有原料中的電子有了交換，進行了預先設計好的化學反應，而生產出適當的產品，任大家使用。

人是活在電子的世界裡，人類需要電子，才能促使呼吸所吸進的氧氣進入人體後與血液中的養分，發生化學變化而供給人體的能量，才得以維持了生命，吃飯、喝水、吃藥都是依靠電子交換的化學作用，才能使人體利用它們的效果而得以生存。家中所有的電器，辦公室所有的設備、照明、電梯靠得是電力來運轉，電力應該被看成大量電子流被輸送到電器中，才能讓這些機器運轉，大家穿的衣服、用的器具、材料的製成，都靠得許多化學變化才能製成成品讓人使用，這所有的一切都是依賴電子的運作，人才能享受現代的生活，也保持了生命，所以人現在所活在的世界是一個電子的世界。這所有依靠電子所參與的化學反應，涉及的能量都在一個到數個電子伏特的能量單位。

宇宙是一個核能的世界，我們所知道的核子反應多半以中子爲主要媒介，每個核反應涉及的能量都在一千萬到一億電子伏特左右，而且以中子做爲產生能源的媒介，都來自核能電廠內的核反應爐，人們現在的認知，是這些中子與人類目前的平日生活並無任何關聯，這個觀點的確完全正確，因此大家並未把中子或核能與日常生活的必需品聯想在一起。

雖然在地球上能夠生存，並不直接依賴中子，而是依賴以電子爲媒

介的化學反應維生，但是真正所依賴的基本能源仍然來自太陽，太陽以核融合的核子反應，每秒鐘進行著能量相當於上億個氫彈爆炸的能源釋放，供應了光與熱給地球。試想，如果太陽瞬間熄滅，地球上的風力、潮流將會消失，地上寸草不生、五穀不長、植物枯萎，溫度驟降頓時形成至寒嚴冬，人類立即瀕臨絕滅的危機，所以自然界的核能雖然與大家保持了相當的距離，但卻是人類生存的要素。

核能在近百年或千年的人類文明中，只有七十多年的歷史，而且核能量釋放方式往往涉及核分裂或核融合的核子反應，一則因為會產生附加的輻射性副產品，再次，人們尚在努力掌握其安全運行的原則，使得人們尚未完全同意核能可以隨意使用，這種情況是可以被了解的，也可以做為增長核能安全的推動力。但是從一個廣泛角度來看宇宙，可以看成這是一個核能的宇宙，只不過人類在地球上還沒有能力來完全掌握對核能的控制，而可以任意使用而無安全顧慮。

這裡所要傳達的概念是，核能是科學的產物，而且核能現在的形態也只是一個暫時性的物理概念而已，這個暫時的概念也是在一百多年前由愛因斯坦狹義相對論公式所導出的一個結論，就是質量與能量可以轉換的概念，或者是大家所熟悉的公式 $E=MC^2$。從愛因斯坦的立場，他在 1906 年所申述的認知是，質量必須以能量的觀念對待，而能量的平衡必須加入質量的存在才能夠更有意義，愛因斯坦把能量的概念與定義推向了一個更高的層次，但是當時並無人知道質量如何能夠轉換成能量，或在工程或實踐上如何把質量轉變成能量，只知道在物理的新觀念上與數學的演繹，把質量的地位用能量代表就可以達成更圓滿的平衡與順暢的演算。

在愛因斯坦發表了相對論以後的三十年裡，許許多多科學家發現了 X 光，也發現了放射性元素之性質、中子，也了解質量與放射性元素的關係，核分裂的核子反應也是在 1938 年被發現的，核能的使用也從那時開始有了應用上的概念，工程上設計也從那時候開始，中子也開始被視為核能產生的主要媒介，1960 年代開始有了商業核能電廠，一直到現在。

　　用鈽二三九或鈾二三五來做核分裂式的能源，或用氚與氘元素才做核融合式的能源都不是最有效率的質能轉換，因爲這兩者任何一類核反應，所經歷的質量轉換能量比例還不到 1%，也就是說只有不到 1% 的質量被轉換成能量，這個認知是一個重大的昭示，難道還有更高效率的質能轉換方式嗎？答案是有。

　　2020 年物理諾貝爾獎得主羅傑潘若斯（Roger Penrose）是牛津大學教授，他得獎的原因是基於他對黑洞的認知與這個認知所引發的能源新觀念，「潘若斯機制」也是根據他創立的觀念，用來引導出一個另類質能轉換方式或程序，這就是旋轉的黑洞可以被利用，來促成另一形式的質能轉換機制，而且可以達到近 50% 的效率。當然這個話題遠遠超出了這本書原意的範圍，舉這些例子的目的，是要闡述核能的使用只是人類要攀上更高一層文明的工具，它只是一個暫時性的階段，未來還有許多階層，有待人類去，有需要去、也遲早會去攀岩而上的。

　　核分裂的質能轉換效率與核融合的質能轉換效率，都在第二章裡用了兩個例題做了詳細的說明。第二章呈現廣泛的解說，介紹一些與核能應用有關的物理概念，除了希望能夠用簡單的方式表達所涉及的基本知識之外，也冀望核能在大方向的概念，也可以做個淺顯的鋪陳。

核電是安全的——指的是硬體

2011 年 3 月 11 日，日本福島核電廠因爲海嘯而引發氫氣爆炸，距今天也只不過十年之久，這次核電事故有三座核反應爐的鋼殼因爲缺水而熔穿，導致高度輻射性的燃料融漿熔穿了第一道防線，而且其中一個機組由於高溫的形成，讓水與金屬發生化學反應產生了氫氣，引發氫氣爆炸，炸開了連接核反應爐的建築，形成輻射物外洩的路徑，這樣的情景與 1986 年四月前蘇聯車查諾比電廠爐心爆炸，相比之下雖然並不如車諾比電廠爆炸那般慘烈，但是在核事故的尺度上已屬一個極度的災難。

日本福島核電廠的氫氣爆炸可以避免嗎？可以。那爲什麼還要讓它發生呢？因爲福島電廠的硬體設備並沒有缺陷，並不是導致這次核災的原因，這次核災的主要原因是福島電廠所隸屬的東京電力公司缺乏安全文化，沒有做好安全的防護，沒有處理嚴重事故的機制與準備，沒有做到事前應該從事的安全分析，藉此用以做爲增設安全措施的指標，這可分三方面來敘述：

1. 不相信以或然率風險評估爲基礎的分析，做爲增進安全措施的指標。

這樣的分析早在之前就被其他類似核廠分析過，所得的結論是海嘯引起的電廠全黑情況，也就是福島眞正經歷的實況，會使核廠陷入一個危險的狀況，而東京電力完全沒有採納這種安全分析。

2. 東京電力公司從來沒有從事核能電廠嚴重事故的分析。

如果從事了這樣的分析，電廠的操作人員就會了解，當海嘯來襲導致電廠全黑時，引入海水作冷卻核反應爐之用，是可以避免核反應爐之外殼熔穿之厄運，也不會有氫氣爆炸之發生。

3. 東京電力公司從未設立處理嚴重事故的機制。

美國早有明文規範核能電廠必須設立這個機制，當嚴重事故發生之時會有專才人員就位，在最短時間內做最好的判斷，採取最有利的措施防止核災。2011 年 3 月 11 日海嘯來襲時，福島核廠不知如何應變，求助無門只能向東京總部報告，東京電力公司董事長繼而向日本國家首相求助，也不得其果。

上面所敘述的三點，可以充分說明福島電廠核災的發生，錯不在硬體而在「軟體」，換言之這個「軟體」是指軟性的訴求，所指的就是安全文化。

10.3 如何保障核電安全——有安全文化嗎？

　　現代核電廠的硬體設備都已趨成熟，有成熟的設計與建造品質，一切問題也因為多年的更正，與核能工業管制單位的督導與檢察，都不再有安全上的疑慮，但是缺乏安全文化卻是 1986 年前蘇聯車諾比核電廠爆炸與日本福島核災的主要因素，什麼是安全文化？如何判斷安全文化的存在？或如何檢查安全文化的程度？這裡用一個實例來做解釋。

　　當福島核電廠被海嘯侵襲的同時，在其北部也有一個同一類型的核電廠，叫女川核電廠，也被同一海嘯侵襲，但是卻安然無恙，女川核電廠棣屬日本東北電力公司，他們逃過大難不是靠運氣，而是完全基於他們所形成的安全文化，使得他們安然度過災難。

　　女川核電廠幾十年前在東北電力公司支持下，採取了所有有關核能安全的措施，也是東京電力所應該採取、但完全沒有採取的措施，保包括執行了風險評估，了解到海嘯引發的電廠全黑情況將會有致命的危險，於是女川核電廠不惜成本增強所有涉及安全的設備，主動的從事一切防衛措施，多年的準備終於在 9 級地震的那天，面對海嘯的來臨，證實了所付出的代價完全值得。

　　如何判斷一個核電廠有沒有安全文化？最簡單又迅速的檢驗方法，是觀察核能電廠對管制機構所要求的安全事項，有沒有自動執行到位？有沒有迅速完成安全防護工作？有沒有超過管制單位所要求的？用這三個問題當作指標，就可以用來檢驗女川核能電廠的安全文化，或任何他地核能電廠的安全文化。

　　先用一個假設當作例子來解說什麼是安全文化。在地震頻繁的地

區，如日本沿海，一旦有了地震，很容易引發海嘯，假設引起福島核災的大海嘯，會在每一百年發生一次，那麼 2011 年的海嘯過後，大概還要經過多少年會再發生一次類似的海嘯？一百年？五十年？爲了積極保障核電廠免於下次海嘯的侵襲，有迫切的需要馬上建立一個海嘯牆嗎？女川核能電廠是一個有高度安全文化的機構，他們已經建立一片長一公里、高 29 公尺的海嘯牆，全部工程在 2015 年完成。上一段舉出了三個問題當作檢驗安全文化的指標，女川核電廠所完成的海嘯牆就是這三個問題最好的答案。

10.4 核廢料如何處理──沒問題但要有成本會計概念

　　第六章裡對核廢料的有關議題做了廣泛的解說與討論，對核廢料處理的各種方法也一一說明，也可以想像到大家最關心的問題是，核廢料能夠處理嗎？從技術的層面來看，答案是肯定的，核廢料是可以被處理的，而且有的高階核廢料還可以用來發電，所以這個問題雖然是大眾最關心的話題。但是，它其實並不是重點，真正的重點是要把核廢料先定位，才能夠從層次高的角度來正確做出完整的決定，決定下一步有關核廢料的何去何從？也就是要用提煉的方式來處理核廢料？或選擇把核廢料全部封存於深層地底？

　　那麼什麼是核廢料的定位問題？或如何定位？一個國家發展了核電，核電廠會產生出核廢料，又稱為用過的核燃料，它對這個國家而言，會是資產？還是負債？這就是定位的問題，核廢料具有高度輻射性，使一般民眾對於核廢料或用過的核燃料因為恐懼而有戒心，因此對一個國家的預算或總資產而言，這種核物資往往被斷定是負債，而處處設法要編列預算籌出經費，目的是這些核物資要迅速移走、掩埋或尋求方法處理。

　　世界上有許多國家已經決定，不再從事由核廢料提煉出鈽與未用完的鈾做成新燃料再使用，這個政策的決定，並不是把核廢料在會計上定位成負債，而是這些國家在籌劃整體經濟時，加入投資與回收的考量之後，不願意增加財政負擔，於是在此時選擇不提煉的政策，把用過的核燃料棒暫時存放，而在這種暫時存放的政策下，這些用過的核燃料棒仍然可以被視為資產。

10.5 核廢與核武有密切關係——帳目須先正名

第七章談論了許多核廢料與核子武器有關係的話題，也介紹了一些國家，曾經企圖自己生產出核武的原料，如鈽二三九，它是快中子核反應爐，一個新式核電廠的原料，也正是要從核廢料提煉出來的物資。當然，防範核武擴散是當務之急，也是全世界的共識，從成本會計的角度來檢視核廢料，這些國家為了核武，私下祕密生產鈽二三九，與核能發電所產生出核廢料，卻有異曲同工之妙，因為兩者都依靠著核子反應爐的運轉，而在核燃料棒內，產生了鈽二三九，所以鈽二三九扮演著雙面角色，在成本會計上如何定位，須多方考量才可正確做到。

現在使用核能發電的國家，都摒棄核子武器，也簽下盟約，承諾不會從事製造核子武器，同時，也簽約准許國際原子核能總署（IAEA）到世界上所有核電廠現場，監督核能電廠生產的核廢料或用過的核燃料，甚至也監視正在使用的核燃料，以 24 小時監測的方式，防範這些核廢料會有任何未被報備的移動，其主要目的就是杜絕任何鈽二三九被竊取的可能性。

核能電廠產出的核廢料須被監管以防範核武擴散，除了防止境內不法之徒之外，也需防範外來恐怖份子之覬覦，而有踰越之舉，所以這樣的安排的確有其必要，而且這些核廢料也是下一代核能電廠可以使用的原料。從這許多不同角度來看核廢料，決定它是負債還是資產，必須要從長計議，納入多方面的考量，才能做到正確的定位，對一個國家而言，要做到正確的定位，所需要的一個大前提，是有一個全面與長期的能源政策，更重要的是，這個政策要能對核廢料全面考量與安排，視之為能源政策的一

部分，才能完整對核廢料做到正確的定位。

　　處理核廢料的技術或如何使用提煉出來的核能物資，並不是主要的議題，一個國家必須要有長遠與全面的能源政策，包括正確的核廢料定位，而決定它何去何從，才是主要的議題。

10.6 何時低劑量輻射可做防疫針？真的？

　　從科學角度已經看到有許多案例，指出低劑量輻射對健康有益，而且學術界也有許多正式發表的文章，從生物醫學的角度，申述低劑量輻射對人身所造成的免疫功能，是出於一種被激發（Hormesis）效應，有關輻射健康的學術團體也在近七、八年開始，大幅蒐集了有關的資料與數據。來自累積六十年，約一百萬人的紀錄，因為他們專業或職業，有經歷過輻射照射而產生對各類健康的影響，這些資料也已費時數年被整理與分析，只是科學界尚遲遲未能達成一個清楚又完整的結論，所涉及的諸多因素，在第八章已有廣泛的討論，在這裡的所做的一個總結，可以簡單的從四個角度來歸納：

　　1. 整理所有人體接收輻射的數據與資料，須集中研究方向，才可以有條理又全面的分析。一個可以從事研究的方向是，專注於明顯健康效益的諸多案例，分類出這些成功案例的共同特點，繼而從中辨認有益健康的輻射操作或發生狀態，歸納出這些輻射劑量與照射至人體的方式，找出有益健康的要件。

　　2. 積極進行醫學上的研究，採用免疫觀念，以制定適當輻射劑量為目標，建立輻射人體免疫力的標準，與發展出能夠正確執行此類免疫作用的形式。

　　3. 進行一切必須的人體測試，重新蒐集缺乏的數據與資料，建立科學上的基礎。

　　4. 贊成或反對低輻射劑量對健康有益之說的雙方人士，必須完全放下己見，以科學基礎為準則，從事積極的大規模研究。

10.7 核融合電廠與快中子核反應爐有共同特質

　　世界各地的科學家都對將在 2025 年建設完成的托卡馬克寄以厚望，希望建設完成以後能夠成功地進行大家心中所希望看到的首次核融合實驗，驗證核融合發電的可行性，如果一切可以按照計畫順利實現的話，那麼下一步的重大目標是，在 2040 年建設一個具商業規模的實驗示範型的發電廠，開始積極推動核融合的商業化。

　　核融合所帶來的能源是以核反應所產生的高能量的中子，以其動能形式帶出來的，要使用這種能源做發電之用，所依賴的程序是，先由核融合反應產生的中子，夾帶 14 百萬電子伏特能量的動能，穿過托卡馬克隔離牆（First Wall），進入約二公尺深度的夾毯區（Blanket），讓高速中子與夾毯區的物質進行多次碰撞而產生熱能，此刻，由外界輸入的冷卻劑進入夾毯，可以保持夾毯區內呈現穩定的溫度，並且把熱量帶出夾毯區，送到在托卡馬克體外的蒸氣產生器，產生水蒸氣藉以推動渦輪與發電機，這些敘述可以參考圖 9.4。

　　在工程上所面臨的一個重大挑戰，是高動能中子在夾毯區對結構材料所造成的損害，容易減少材料的使用壽命，所以更換結構材料的頻率與研發更堅固耐高速中子的材質，仍是現代核能材料這門學科的主要議題，這個題目因為高能中子在快中子核反應爐中呈現相同的問題，也是多年來大規模發展快中子核反應爐的一大瓶頸。

登陸火星怎麼不用核能？

　　目前在火星上探測用的能源是一種被動式的、較低能量的核能發電器，它依賴的是數十顆有放射的同位素，鈽二三八，自己會釋出阿伐射線而轉變成熱能，熱能驅動了一些物質的電子，造成電動勢而製成電池，這種裝置的好處是它可以連續使用多年，甚至十年以上，它所缺點是功率仍然偏低，只有 100 瓦左右。

　　進行下一步探測火星的計畫，已經開始了多方面的討論，探測的規模將會增大，所需要的能量，不論是做太空飛行動力或設置在火星表面，供應較大幅的電源，都有其必要考慮使用小型核能發電的裝置，才能滿足這一切能源的需求。因為以核能電廠發電的方式，不論其規模有多小，形式都是主動形式又具有高效率的性能，用這種設計的發電量，會超出被動式的核能發電設備高達千倍或萬倍，在今後二十年內，為了進行下一波具有規模的探索火星行動，利用小型的核能電廠形式將會實現。

10.9 核能不會因為人們反核而消失或擁核而變得安全

　　核能不會因為有人反對而消失，核能也不會因為有人贊成而變得安全，這兩點結論有著廣泛的基礎。

　　核能沒有在發電上被廣泛的使用，其主要原因並不是大眾對核能的畏懼而影響到它的發展，而是經濟上的需要並未達到能源短缺、必須依賴核能不可的地步。因此核能發電在幾十年以來，在發電比例中也只占有10%，但是核能仍有其他廣大的用途，而且近年氣候變遷的問題與世界減碳的共識，使核能發展愈趨於更多更新的方向，除此之外，核電的使用會不會有上揚之勢，也需要看未來二十年在減碳績效上與經濟需求上會有多少進展。

　　要保障核能安全，必須要排除人為因素與體制缺陷，前蘇聯車諾比核災與日本福島核事故，都是因為這方面的缺失而造成的，核能電廠硬體的設計與使用材質，檢驗程序與方法已趨成熟，而不再是安全的威脅，唯一令人憂心的是存在人為因素與體制的缺陷，在世界的一些國家或地區仍待改進。

國家圖書館出版品預行編目資料

全面透視核能／趙嘉崇作. －－初版.－－
　臺北市：五南圖書出版股份有限公司，
　2022.11
　面；　公分
　ISBN 978-626-343-475-2（平裝）

CST: 核能

449.1　　　　　　　　　111016792

5DM6

全面透視核能

作　　　者 ― 趙嘉崇（340.7）

發 行 人 ― 楊榮川

總 經 理 ― 楊士清

總 編 輯 ― 楊秀麗

主　　編 ― 高至廷

責任編輯 ― 張維文

封面設計 ― 鄭云淨

出 版 者 ― 五南圖書出版股份有限公司

地　　　址：106台北市大安區和平東路二段339號4樓

電　　　話：(02)2705-5066　　傳　　真：(02)2706-6100

網　　　址：https://www.wunan.com.tw

電子郵件：wunan@wunan.com.tw

劃撥帳號：01068953

戶　　　名：五南圖書出版股份有限公司

法律顧問　林勝安律師事務所　林勝安律師

出版日期　2022年11月初版一刷

定　　　價　新臺幣450元